◆ 房屋查验从业人员培训教材

房屋查验从业人员培训教材编委会　编

验房基础知识

王宏新　赵庆祥　杨志才　赵　军　主　编

王清华　赵太宇　闫　钢　副主编

中国建筑工业出版社

图书在版编目（CIP）数据

验房基础知识/王宏新等主编．—北京：中国建筑工业出版社，2016.12（2023.1重印）
房屋查验从业人员培训教材
ISBN 978-7-112-19856-6

Ⅰ.①验… Ⅱ.①王… Ⅲ.①住宅—工程质量—工程验收—技术培训—教材 Ⅳ.①TU712.5

中国版本图书馆CIP数据核字（2016）第222973号

本书是房屋查验从业人员培训教材之《验房基础知识》分册。全书系统介绍了中国验房业的发展历程、现状、发展趋势；房屋基础知识，包括房屋构成、状况、材料、规划、环境等，验房企业设立与验房师的职业要求，验房企业针对大客户和小客户的开发运营策略，发达国家验房行业发展与借鉴等内容。通过学习，验房师可以全面了解验房行业及验房业务，构建必备知识体系，为进一步学习专业课打下扎实的理论基础。

本书供有志于成为验房师的专业人士、第三方验房机构从业人员、房屋查验与检测人员提高业务技能学习参考，也适用于本领域大专、职业院校专业教材，以及广大验房企业经营管理者、相关行业行政管理者作为其重要参考。

责任编辑：赵梦梅 封 毅 毕凤鸣 周方圆
责任校对：王宇枢 李欣慰

房屋查验从业人员培训教材
房屋查验从业人员培训教材编委会 编

验房基础知识

王宏新 赵庆祥 杨志才 赵 军 主 编
王清华 赵太宇 闫 钢 副主编
★
中国建筑工业出版社出版、发行（北京海淀三里河路9号）
各地新华书店、建筑书店经销
北京京点图文设计有限公司制版
北京凌奇印刷有限责任公司印刷
＊
开本：787×1092毫米 1/16 印张：6 字数：128千字
2017年9月第一版 2023年1月第三次印刷
定价：**35.00**元
ISBN 978-7-112-19856-6
（27036）

❖ "房屋查验从业人员培训教材"编委会

编委会主任

冯　俊　中国房地产业协会副会长兼秘书长

童悦仲　中国房地产业协会名誉副会长

主审

吴松勤　原建设部质量安全司质量处处长

　　　　原中国建筑业协会工程建设质量监督与检测分会会长

　　　　《建筑工程施工质量验收规范》88版、2001版主编及培训教材主编

编委会成员

李　奇　中国建设教育协会副秘书长

李　晏　房咚咚验房机构董事长

刘新虎　北京顶秀置业有限公司董事长

马　越　保利北京地产副总经理

宋金强　武汉验房网啄屋鸟工程顾问有限公司总经理

王宏新　北京师范大学政府管理学院教授、副院长

王清华　山东名仕宜居项目管理有限公司总经理

翁　新　远洋集团客户总监

杨志才　上海润居工程检测咨询有限公司联合创始人

闫　钢　上海润居工程检测咨询有限公司联合创始人

赵　军　江苏宜居工程质量检测有限公司执行总裁

赵庆祥　北京房地产中介行业协会秘书长

赵太宇　广州市啄木鸟工程咨询有限公司总经理

赵　伟　北京沣浩达验房有限公司总经理

主　编

　　王宏新　赵庆祥　杨志才　赵　军

副主编

　　王清华　赵太宇　闫　钢

参编单位与人员

　　北京师范大学房地产研究中心：高姗姗、孟文皓、邵俊霖、席炎龙、周拯

　　北京房咚咚验房机构：张秉贺、邱立飞、刘晓东、张亚伟、刘姗姗

　　广州铁克司雷网络科技有限公司：王剑钊

　　江苏宜居工程质量检测有限公司：赵林涛、姜桂春、陶晓忠

　　上海润居工程检测咨询有限公司：周勇、沈梓煊、张所林

参与审稿单位与人员

　　长春澳译达验房咨询有限公司：张洪领

　　河南豫荷农业发展有限公司：杨宗耀、王军

　　汇众三方（北京）工程管理有限公司：李恒伟

　　江苏首佳房地产评估咨询事务所徐州分公司：姬培清

　　山东淄博鲁伟验房：曹大伟

　　西安居正房屋信息咨询服务有限公司：王林

　　珠海响鼓锤房地产咨询有限公司：刘奕斌

前言 ◆◆◆
Preface

从酝酿、准备，到组织、撰写，再到修改、润色，直至最终定稿，历时 6 年之久，中国验房师终于有了自己成体系的行业与职业系列培训教材！

验房师产生于 20 世纪 50 年代中期的美国，到 20 世纪 70 年代早期，验房被众多国家纳入房地产交易中成为重要一环，由第三方来承担验房职能已成为西方发达国家惯例。如美国，普遍做法是委托职业验房师对准备出售或购置的住宅进行检验、评估，目的是买卖双方全面了解住宅质量状况。在法国，凡房屋交易前必须由验房师对房屋进行检验，出具验房报告才能进行交易。当前，发达国家验房已步入专业化、标准化、制度化和精细化发展阶段。

十多年前，国内开始出现"第三方验房"、"民间验房师"等验房机构，验房业作为第三方市场力量的出现，有着客观、深刻的市场和社会背景。当房屋质量问题频频发生，第三方检测与鉴定机构介入房屋交易过程，为买卖双方提供验房服务，可以减少交易纠纷，提高住房市场交易效率，促进经济社会可持续发展。它们实际上是顺应市场需要、为购房者服务、为提升新建住宅工程质量服务的新型监理、服务咨询机构。行业发展之初，由于长期受到现行体制的排斥，不受开发商和政府"待见"而无法获得其应有的市场地位，数以千计的"民间验房师"无法获得政府部门认可的职业与执业资格，然而他们却在购房者交付环节中的权利维护、新建住宅工程质量的保障与提升中作出了很大的贡献。

验房业是社会竞争激烈和社会分工日益细化的产物，是国家对第三产业的支持力度不断加大的结果，同时也是房地产行业健康、和谐、持续发展的必然要求。在我国房地产市场经历了持续高温后逐渐向质的提升转型趋势下，验房业发展有望步入市场化、规范化和制度化发展轨道。然而，从业人员水平良莠不齐，各地操作缺乏统一标准，无疑也阻滞了行业的顺畅发展。

2011 年，由我与赵庆祥主编的《房屋查验（验房）实务指南》由中国建筑工业出版社出版。该书出版后，成为中国验房行业的第一本培训教材，被国内相关培训机构作为验房师培训指定教材。又经过六年来验房业理论与实践发展，这套"房屋查验从业人员培训教材"（以下简称为"丛书"）终于摆在了广大读者面前。"丛书"包括以下五本分册：

《验房基础知识》包括导论、房屋基础知识、组织与人力资源、运营与管理、行业发展以及国际视野五部分，旨在将验房、验房师、验房业相关的基本概念、基础理论与实践状况进行系统总结与梳理，为验房师从事验房职业与验房企业经营管理打下扎实的理论基础。

《验房专业实务》详细讲述了验房流程、常用工具及方法、毛坯房和精装房的验点、验房顺序、作业标准、验房报告及范例、常见质量问题等内容，是实操性极强的专业实务。验房师掌握了这些专业知识，就可以进行实地验房工作。

《第三方实测实量》定位于工程在建全过程，第三方验房机构针对项目工程过程中每个节点，区分在建工程和精装工程，分部分项进行质量及安全抽查、把控。内容包括概述、土建工程篇、精装工程篇、常见问题及典型案例、常用文件及表式。主要以表格的方式呈现，每个节点都包括指标说明、测量工具和方法、示例、常见问题、防治措施、工程图片等，清晰明了。

《第三方交房陪验》针对开发商头疼的交房环节，细致讲述了第三方验房机构如何辅助开发商进行交房工作、提高业主满意度和交房收楼率。全书从关注业主需求的"业主视角"入手，详细讲述了交房方案、交付现场规划、交付流程、答疑、材料准备、风险检查、模拟验收等内容。图文并茂，轻松活泼。

《验房常用法律法规与标准规范速查》作为验房师的必备辅助资料，收录了验房最常涉及的法律法规和标准规范，同时为了便于查找，还按查验项目类别，如入户门、室内门窗工程、室内地面工程等进行了规范索引，以便读者更快定位到所需的规范条文。

需要特别指出的是，本套丛书中提到的"毛坯房"其实应该叫做"初装修房"，其与"精装修房"相对应，是新房交付的两种状态。因业内习惯称之为"毛坯房"，为便于理解，本套丛书相关知识点采用"毛坯房"这一说法。

本套丛书旨在打造中国验房师培训的职业教材同时，也适用于本领域大专、职业院校专业教材，以及广大验房企业经营管理者、相关行业行政管理者的重要参考。

丛书的出版，得到了中国房地产业协会副会长兼秘书长冯俊先生、中国房地产研究会副会长童悦仲先生，以及原建设部质量安全司质量处处长、原中国建筑业协会工程建设质量监督与检测分会会长吴松勤先生的大力支持，他们认真审稿、严格把关，使丛书内容质量上了一个新的层次。也感谢中国建筑设计研究院原副总建筑师、中国房地产业协会人居环境委员会专家委员会专家开彦先生对验房行业发展的关心和指导，让我们不忘记初心，砥砺前行。

感谢为本套教材出版奉献了大量一手资料的江苏宜居工程质量检测有限公司、上海润居工程检测咨询有限公司、北京房咚咚验房机构、山东名仕宜居项目管理有限公司、广州啄木鸟工程咨询有限公司等机构；尤其感谢江苏宜居工程质量检测有限公司赵军总裁和上海润居工程检测咨询有限公司杨志才总经理二位，他们是中国验房行业的真正创始者和实践先行者，也是行业热爱者、坚守者、布道者，二位在繁重的工程管理与企业管理的同时，承担了主编一职，参与了策划、编写全程，积极联系、协调同行，还担任主讲教师参加到行业培训第一线，为丛书的出版和行业人才培养倾注了大量心血；特别感谢中国建筑工业出版社房地产与管理图书中心主任封毅编审的大力支持，没有她的支持与帮助，出版这套丛书是难以想象的。最后，还要衷心感谢为丛书审稿的各位领导、专家和行业同仁，丛书的出版凝结了全行业的力量和奉献！

　　本套丛书在编写过程中，还参考了大量的文献资料，其中有许多资料几经转载及在网络上的大量传播，已很难追溯原创者，也有许多与行业相关技术标准紧紧联系，很难分清其专有知识产权属性。在此，我们由衷感谢所有为中国验房行业奉献的机构与人士，正是汇聚了大家的知识，这套教材才实现了取之于行业、用之于行业的初衷，也真正成为中国验房行业的集体成果。"开放获取"趋势正在成为全球数字化知识迅速增长、网络无处不在背景下的时代潮流。当本丛书付梓出版这一刻，就对所有读者实现开放获取了。对本丛书知识富有贡献而未能在丛书中予以体现的机构或人士，请与我们联系。同时，欢迎广大同行们对丛书的错漏不足之处批评指正，以便我们及时修订完善，使其内容更加实用，更好地为行业服务！

　　奔梦路上，不畏艰难。让我们共同为住宅工程质量不断提升、人类可持续的宜居环境不断改善的梦想而努力奋斗，一起携手共同推动中国验房行业快速、健康和可持续发展！

王宏新

2017 年 9 月于北京师范大学

目录◆◆◆
Contents

第三部分　组织与人力资源

第四部分　运营与管理

第五部分　国际视野

第一部分　导论

1　导论

20世纪50年代以来，随着西方发达国家房地产交易量持续上升，"验房"成为许多西方发达国家房地产交易过程中必不可少的环节之一。

验房（Home Inspection）又称房屋查验，是房地产交易过程中对房屋状况进行第三方检测与鉴定的一种行为。它是通过对房屋各主要系统及构件（包括结构、装修、设备及附属装置）的当前性状进行评估，以确认房屋状态、检测设施性能、提供鉴定报告，从而协助顾客进行房屋交易的过程。

验房作为第三方市场力量的出现，有着客观、深刻的市场和社会背景。一方面，消费者缺乏建筑及房地产专业知识，难以辨别所交易房屋的性能好坏；另一方面，交易双方彼此不信任也增加了交易障碍，特别是二手房市场交易空前活跃，许多由买卖双方在交易时点对房屋现状确认不清而导致的后续纠纷逐渐增多，这就需要验房师作为独立的第三方，对交易时点的房屋性状进行客观判断，并以此作为房屋交易的重要依据。

1.1　中国验房业发展历程

我国与美国等发达国家超过30年的验房业发展史相比显得很稚嫩，但国内验房市场的发展和进步还是有目共睹的。近10多年来，国内兴起了"第三方验房"、"民间验房师"等专业验房机构，它们实际上是顺应市场需要、为购房者服务、为提升新建住宅工程质量服务的新型监理和服务咨询机构，虽长期受到现行体制的排斥，也不受开发商和政府"待见"，无法获得其应有的市场地位，数以千计的"民间验房师"无法获得政府部门认可的职业与执业资格，然而他们却在购房者交付环节中的权利维护、新建住宅工程质量的保障与提升中作了巨大贡献。

归纳起来，中国验房业发展可以分为以下三个阶段：

第一阶段：孕育和萌芽期（2005 年之前）

从 1998 年住房制度改革之后，我国房地产市场逐渐繁荣，新房销售和二手房交易越来越多。在这一背景下，围绕房屋质量及装修问题的纠纷也不断发生。因此，一些民间的"验房"人士或公司开始浮出水面。他们大都具有工程建设及监理背景，懂专业、懂设备，具有一定的实践经验。因此，从 1998 年到 2003 年，验房业在我国只是零星存在。2003 年及以前还没有"验房师"的称谓，验房鲜人问津，验房的工作特征是"地下的、不自觉的、非职业化的"，市场运作模式主要靠熟人介绍。

2004 年，我国迎来了住房制度改革之后的第一次房地产市场热，大量的住房建设和房屋交易如火如荼，随之而来的各种房屋问题也逐渐增多。其中很多都是因为交易双方信息不对称造成的。市场上迫切需要独立的第三方来客观地评定房屋性状。到 2005 年，少数验房人才自发从传统建筑服务业中分离出来，开始从事专门验房服务，验房市场初露，但未成规模，随着媒体对这一新兴事物的报道，开始有了"验房师"的明确称谓，但仍属于散兵游勇型的半熟人介绍、半市场化的状态。

第二阶段：初步探索期（2006～2010 年）

从 2006 年开始，在前几年自发发展的基础上，"验房师"队伍不断扩大，许多中介公司、工程质量维修公司、物业公司等也纷纷加入验房大军，将验房纳入自己的业务范围。"验房师"处于成长与发展初期，供求双方开始自觉化，供求关系日益明确，开始出现验房企业，从主要靠口碑、事件营销（曝光开发商、推动维权事件等）转向了广告、媒体宣传等现代营销手段来进行市场运作。2008 年、2009 年在我国房地产业发生的几起"楼脆脆"、"楼倒倒"、"楼歪歪"等事件曝光后，验房走入了更多人的视线。

但是，这一期间，中国验房业发展也出现了乱象，对行业产生了消极影响。典型的例子是一个未经有关行政主管部门批准的"协会"，通过所谓"验房师职业培训"、大量颁发带有"验房师"统一标志的《中国注册验房师资格证书》和《中国注册验房师执业资格证书》，给上千人发"验房师"证，从中牟利，使得市场上一时充斥着各种等级的所谓"验房师"，行业秩序遭到根本性破坏。

第三阶段：提升转型期（2011 年至今）

2011 年初，《房屋查验（验房）实务指南》由中国建筑工业出版社出版，该书一经面世即受到中国验房界的关注，成为许多验房公司与相关培训机构的必备教材，中国验房人终于有了一套具有初步理论体系的教科书，也标志着中国验房业从粗放发展步入了质量提升期。

同时，近几年来，国内长三角、珠三角一些发达地区的验房公司，在市场上形成了良好的口碑，并开始在区域甚至区外通过直营、连锁或加盟等形式实现快速发展。在业务领域，有一些验房公司通过对收房前毛坯房工程质量检测、精装修检测与复测以及收房后的装修装饰监理、环境检测等业务，极大地拓展了小客户业务（见第9章）；也有验房公司因小客户市场的第三方独立运营而受到开发商认可，其业务从小客户转向大客户，开发出了第三方实测实量、一房一验、协助交房（第三方交房）和第三方质量评估等大客户业务（见第10章）。在技术方面，基于移动互联网等新一代验房软件的出现，使得验房业紧跟时代步伐，向着更加专业化的方向发展。

延伸阅读

移动互联网开始走入验房业

在传统的验房工作中，验房师通过笔、纸、相机记录缺陷问题，回到办公室把记录的问题逐条录入电脑，然后在电脑上编辑整理形成一份验房报告。这个过程效率不高，尤其是编制一份图文并茂的验房报告，需要整理大量的照片，将照片与问题一一对应，并调整照片的大小与样式，以方便打印。撰写一份这样的报告通常需要1到2个小时。同时笔纸记录数据容易遗失或出错。

"交楼验房"是一款专为验房师设计的验房工具软件。"交楼验房"软件由安装在智能手机上的APP应用和在Web端的后台管理网站组成。它具有以下的特点：

（1）高效便捷。验房师无须笔纸、相机等工具，只需携带智能手机或Pad，就可以高效便捷的录入验房缺陷。软件本身内置了常见问题描述，通过点击方式即可完成录入。

（2）图文并茂。验房师可以通过智能手机或Pad的拍照功能记录缺陷，照片与问题一一对应，可以方便地生成图文并茂的验房报告。

（3）精准定位。可以在户型图上标记缺陷，清晰展现缺陷位置，便于修复时快速定位。

（4）验房标准明确。软件内置了专业的精装、毛坯检查标准，还支持用户自定义检查标准。提供检查指导书，详细说明检查方法、操作过程、注意事项等，兼具验房师学习与培训功能。

（5）自动生成验房报告。在Web后台，可以自动生成专业、详尽的验房报告，省时省力，并且支持多种报告模板。

（6）管理功能丰富。支持在线派单、报告审核、工作量统计等管理功能。

此外，一些验房公司间也通过一些"QQ群"、"圈子"、"联盟"、"高峰论坛"等形式开始建立起松散的交流联系机制，一起讨论专业技术及行业发展秩序问题，以求共同推动行业健康发展。

1.2 中国验房业发展现状

经过整整10年，中国验房师及验房企业从无到有，从小到大，验房师队伍无论数量还是质量都有了很大的提高，验房业逐渐向专业化、职业化和市场化方向发展。

1.验房师队伍不断扩大，职业化趋势发展明显

验房业的发展壮大，是当今置业百姓消费能力提高、消费观念转变、质量维权意识日益强化、社会竞争加剧、劳动分工日益专业和精细化的必然结果，标志着中国原来以面向企业和政府等为主的咨询服务业开始进入寻常百姓家。

十多年前，除了长三角、珠三角等经济发达省份有少量民间自发的验房师外，内地30个省会中心城市的验房业务几近空白。十多年来，据初步统计，国内兼、专职验房师达到万余人，由专职、兼职和自由从业者构成验房师队伍。日益增多的这些专业技术人才——验房师，月收入达数千元至上万元不等。京、沪、粤等发达城市，验房师的收入稳定增长。

这些新兴的专业人才，从事着相对稳定、有报酬、专门类别的工作并日益为更多的置业者所接纳。对于验房师来说，房屋质量查验咨询服务工作已成为其经济收入的主要来源、发挥自己专业技术能力特长和实现自我更大人生社会价值的舞台；对社会来说，验房业对资产评估、法律事务、物业服务、装饰装修、开发建设、施工监理等领域的其他职业和行业，都有直接或间接的社会资源整合和促进作用，职业化趋势显现。随着市场竞争的加剧，新职业与日俱增和职业的不断分化和细化，是社会高速进步的重要标志。

2.验房企业日益增多，但分化现象也较突出

验房业发起之初以"散兵游勇"和"工作室"面目出现，随后升级为"置业咨询""验房咨询"等命名的现代企业，据不完全统计，目前国内的验房企业已达400余家。此外，房地产领域原有的家装公司、监理公司、质检站所、物业服务等，纷纷以各种形式介入该服务业，进行兼业经营，总数为专业验房企业的3倍左右。验房机构的不断增多反映出三点特点：一是验房业内普遍看好这一高端服务业的发展前景，业内有把业务做大做强的强烈愿望；二是依法、诚信、永续经营的意识日益强化，社会责任感潜在增强；三是业内逐渐把验房当作一项长期的事业，验房这一"新行当"，开始转为有固定办公地址、人员等的新兴社会组织，在这个组织内的劳动者——验房师，以特定的劳动对象、劳动方式，为社会提供特定的劳动服务。

但是，目前市场上的验房机构发展分化现象也较为突出。目前市场上提供验房服务的机构主要分为三类：一是明确以"验房咨询"为名在各级工商部门注册登记的专职验房公司，目前在全国已有超过400家，普遍规模不大，检测设备齐全，人员技能较强，收费较高，目标客户偏向中高端群体；二是兼职作业的监理公司、质检机构、房产中介、物业管理部门，验房师和验房业务多属挂靠性质，结构松散，收费相对低廉；三是家装公司，低收费甚至不收费，希望借此与业主达成良好关系促成装修业务的签单。

此外，还有一种机构可为业主提供验房帮助——包括搜房网在内的一些房地产家居媒体定期或不定期地邀请行业人士，通过业主论坛、装修论坛召集业主，参与验房知识培训讲座或线下验房活动，广受业主好评，但此类活动通常定期举行，人数也有一定的限制，难以满足大批量业主的需求。

3. 市场化速度逐渐加快，地区发展并不平衡

验房服务市场近几年的发展状况，标志着该服务市场的初步建立且发展速度逐步加快。验房业作为新兴服务业，其市场化速度将会更大程度地加快，从而将会把百姓目前对一般地产的初级性需求，提升到对品质地产的中级性需求阶段。2004年至今，中国置业百姓对验房服务的需求，从最初的南京、上海、北京等少数一线城市，到2007年的全国过半省会城市，再到2008年以来的其他偏远省会中心城市和沿海的二、三线城市，需求在不断蔓延扩大。

但与此同时，验房行业发展又呈现不规则状态：上海、苏州、广州等地走在最前沿，达成交易的房屋验房比例高达30%～50%；而作为国内一线城市的北京，则与中部、西部地区一样，跟沿海地区相去甚远。

4. "民间热，官方冷"的状况未根本改变

10多年来，国内兴起了"第三方验房""民间验房师"等专业验房机构（如长三角的"宜居检测"、京津冀的"优嘉优筑"和珠三角的"啄木鸟"等），它们实际上是顺应市场需要、为购房者服务、为提升新建住宅质量服务的新型监理、服务咨询机构，但却长期受到现行体制的排斥，也不受开发商和政府"待见"而无法获得其应有的市场地位，数以千计的"民间验房师"无法获得政府部门认可的职业与执业资格，大大制约了其在市场中的良性发展，也有损于购房者在交付环节中的权利维护、新建住宅质量的保障与提升。

在没有政府引导和监管之下的中国验房业，业务水平和职业素养良莠不齐，企业化发展两极分化，压低价格、恶性竞争等问题令整个行业秩序混乱，严重阻碍了验房市场发展。不论从消费者还是验房师、验房企业，都期待政府引导、监管，为这个新兴行业的规范化发展提供制度保障。

1.3　中国验房业发展趋势

中国验房业发展趋势主要可以从市场、产业和行业管理三方面来把握，见图1.3。

1. 中国验房业未来发展的六大主力市场

（1）新房市场

虽然新房开发量在逐年下降，但随着市场的发展和购房者心理变化，新房验房需求仍处于稳步增长阶段。一方面，他们对住宅的品质要求已经由最初的只看重地段、环境，到目前的关注房屋内在质量，包括房屋的安全性、使用功能、美观舒适性；另一方面，由于一些开发商为了降低开发成本以获取更大利润，在发包工程时往往过分节约建筑成本，或者是起用技术水平不合格的施工队伍，造成了一手房质量的不稳定性。在这种情况下，独立的第三方验房师的存在就显示出了必要性。

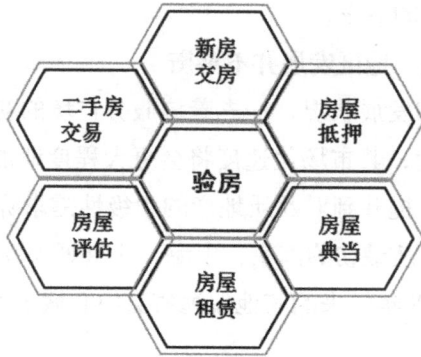

图1.3 验房市场未来需求

两方面原因共同作用，激发了购房者的质量意识和维权意识。他们迫切需要有一方机构，在收房前为他们的房屋做一个较为系统的质量"诊断"，以确保长住久安。据估计，目前国内仅大客户业务市场需求每年就在2亿元左右。虽然这个数据只是理论上的，受消费者接受程度的影响，未必能全部落到实处，但验房市场未来的潜力值得期待。

特别要指出的是，在国内一线城市，精装修房验房和毛坯房验房比例目前几乎达到了1:1。与毛坯房相比，精装房号称"让业主省了装修的心"，但其质量一直广受质疑。因此，消费者对验房的需求和依赖明显更高，未来精装修的进一步普及，对验房市场发展会起到一定的促进作用。希望政府早日出台验房师资格认证，期待验房行业出现越来越多值得信赖的正规军。

（2）二手房交易

在美国、英国等房地产市场比较发达的国家和地区，验房已成为买卖房屋过程中不可缺少的程序。在这些成熟的房地产市场中，二手房往往占据了绝对主导地位，因此对二手房进行质量检验在验房师的工作范围中占了极大的比重。目前，我国的二手房市场已相当火热。以上海为例，2009年，无论是销售量还是挂牌量，二手房都在整体市场中占据了优势地位。因此，验房师这一职业也开始从一手房领域逐渐向二手房领域延伸。

目前，一手房各部分结构由开发商提供一定保修期，但二手房在房屋质量上的风险就完全由购房者自我控制和承担。同时，和一手房相比，二手房的质量瑕疵具有较强的隐蔽性。由于不是专业验房人士，购房者对于房屋质量的各个细节难以全面把握，且对于哪些质量问题影响居住安全，哪些细节可以忽略等，难以形成正确认识。因此在交易或者交房之前，请一位权威专业的验房师仔细检验二手房的质量问题就显得很有必要了。

另外，在二手房交易的过程中，由于房屋存在不同程度的功能折旧和结构、质量损失。因此，交易双方应对交易时点的房屋状态进行共同确认，以避免日后纠纷。由于双方对彼此的信任程度不高，都迫切需要验房师以独立第三方的身份对房屋性状进行检测并出具日后可作为调解纠纷凭证的检测报告。包括：

①房屋状态检测：房屋主要结构、构件、内外情况鉴定；房屋装修、程度鉴定；主要设备损耗鉴定；

②房屋性能检测：质量、外观、电水气暖等设备性能、房屋主要构件功能及存在问题。

（3）房屋评估

房屋折旧是由于物理因素、功能因素或经济因素所造成。计算折旧是房屋评估中的重要内容，它需要确认住宅实物形态经外界的物理、化学因素作用和人为使用，从而发生的有形磨损和功能下降，这些内容也正是验房需要关注的问题。因此，对于房地产评估来说，验房在评估房屋成新率、残值率方面，更具专业特性。

①房屋折旧确定：房屋使用年限、房屋设备损耗、房屋结构安全和房屋与交房时的差异；

②房屋增减设施：房屋在使用过程中，新增或减少的各种设施，使用、交通空间及房屋附属建筑物等。

（4）房屋租赁

房屋租赁是对验房需求比较多的业务层次。主要是因为租赁交易相对其他房地产交易来说较为频繁，而且临时性多，因此业主与承租人都格外看重交易时点房屋的状况，比如说房屋设备的性能、装修现状、水电气表的即时数字等，并以此作为结算租金的重要依据。所以，验房师作为独立的第三方，要为交易双方提供客观、准确的房屋状态信息。

①房屋设施信息：各种电器水暖设施的有无、好坏、功能等；

②房屋装修信息：租赁交易时点房屋装修程度、门窗等物件的状态等；

③物业供给信息：租赁交易时点水、电、暖、气、网等物业供给的即时量。

（5）房屋典当、抵押

房屋典当与抵押均是以房屋权属换取暂时资金支持的一种方式，在这一目的下，典当行或房屋抵押权人需要对房屋进行详细检查，以确保准确估价和未来收益。所以，在评估其合理价值与可能性收益的时候，应特别注意其现有状态对未来的影响。而验房即是通过对房屋现有性状的判断来推断其未来趋势的。

①房屋现状评价：交易时点房屋的综合性状判断；

②房屋未来价值评估：以现有房屋性状为依据对未来价值走向的评估。

验房服务业的兴起，是历史的必然，是中国日益民主化、市场化、法制化的历史进程中，百姓维权意识不断觉醒和强化的必然产物；是置业百姓在重大生活消费领域质量意识的提高和消费观念转变的必然结果；是社会竞争的日益加剧和社会分工日益专业或精细化的典型表现；是房地产业结构调整、优化、升级和科学发展的内在要求。

总而言之，验房有很大的市场需求，是中国住宅市场化、自有化的必然产物。

2.产业发展趋势

与传统的第一、二产业不同，验房业属于第三产业，是第三产业中的技术服务类产业。结合中国验房市场需求发展趋势，中国验房产业发展将呈现以下特征：

（1）轻资产、增值型

所谓轻资产，主要是指企业的无形资产，包括企业的经验、规范的流程管理、治理制度、各方面的关系资源、资源获取和整合能力、企业品牌、人力资源、企业文化等。验房行业属于技术密集、知识密集的轻资产行业，产业链延伸和开发能力强。验房公司融资成本低、投资少、收益快、现金流充足。

同时，验房行业作为一项新兴行业，集服务、技术、知识密集于一体，产业延伸能力强，投资少，收益快，具有广阔增值发展空间。

（2）知识性、服务型

验房行业是一个涵盖多专业知识面的行业，它涵盖了建筑、土木工程、项目管理、装饰装修等多领域，是一个跨学科、跨专业融合的知识型行业。

同时，验房业作为第三产业，就决定了验房业是一个提供专业技术服务密集型行业。

（3）职业化、技术型

验房行业在国内的发展也已经有十年了，但仍属于一个新兴、朝阳行业，验房师队伍仍在不断扩大，验房企业日益增多，专业化步伐也在不断加快，职业化趋势发展非常明显。在不少验房公司，工程师按级别划分为初级、中级、高级，企业内部有专门的专业能力考核系统，考核通过后方可申请相应级别。

同时，验房行业开展的一系列服务都有着严格的专业技术标准。不论是针对大客户的第三方实测实量、一房一验和质量评估等业务，还是针对小客户的第三方验房、环境检测、建筑装饰监理等业务，都有规范的操作流程和工具使用说明。

3. 行业管理趋势

验房业是社会竞争激烈和社会分工日益细化的产物，是国家对第三产业的支持力度不断加大的结果，同时也是房地产行业健康、和谐、持续发展的必然要求。因此，在我国房地产市场持续高温的前提下，特别是房屋交易日渐繁荣的背景下，验房业在我国的发展有望步入市场化、规范化和制度化发展轨道。

（1）市场化

住宅建设是复杂的系统工程，业主作为最终的新建住宅质量利益主体，必须依靠市场、依靠专业力量为其提供咨询服务。专业的住宅查验咨询机构是新建住宅质量监督管理的重要社会力量，其有效的运作保证了质量管理具有较高的整体水平，在西方发达国家已经有 50～60 年的历史，发达的工程咨询业为业主管理新建住宅质量提供了专业保障。政府通过对这一专业服务市场的认可和培育、引导、规范，以强化其作为第三方的作用、服务购房者专业咨询需求，通过约束各方主体的行为来维护住宅建设质量管理行业与市场秩序，为行业的整体发展营造良好环境，是我国深化改革、关注民生保障、规范住宅工程质量管理行业与市场秩序的必然选择。

（2）规范化

住宅工程技术与质量管理标准是住宅业健康发展的公共产品，它既可指导并强制建设相关单位在技术标准下科学、精细作业，也为广大购房者及各专业机构提供了科学的质量保证参考。中国验房行业也是随着房屋交易的逐渐增多而自发发展起来的，现行法律法规大多集中于资质管理、合同示范文本等传统的行政管理方式上，缺少对现代新建住宅质量建设规范和技术标准的制定和修订，缺乏对市场主体培育和公共服务理念。随着市场化发展，从业人员和机构的增多，将其纳入到统一的管理和规划之中，也是我国行业行政管理体制走向成熟的必经之路。与此同时，广大消费者也希望政府介入到对该行业的管理和规范中去，通过统一规程、统一业务、统一标准、统一从业资质、统一服务价格、统一鉴定报告这"六统一"的方式，使我国的验房行业更具正规化和职业化水平。在此背景下，政府会逐渐减少对微观市场主体的排斥，充分发挥行业协会的作用，通过行业协会对相关行业的行业管理和服务，促进新建住宅工程技术和质量管理标准化建设，构建起符合中国国情的新建住宅工程技术与质量管理标准体系，中国验房业也将步入规范化发展新轨道。

（3）制度化

我国未来验房业的发展，要以良好的制度作为行业顺利运行的前提，要以良好的协会制度、资格认证等制度，使行业步入正规化、专业化发展道路。制度建设应实现以下目标：

第一，行业服务。帮助企业解决生产经营中的困难，为企业提供市场信息、技术咨询、员工培训、资格认证、法律援助等服务；向企业提供或发布行业发展研究、行业统计分析和行业政策规范等方面的资料，组织或举办会展招商、商务考察、产品推介等活动；开展国内外经济技术交流和合作，为行业开拓市场服务。

第二，行业自律。依据协会章程或行规行约，制定本行业质量规范和服务标准，并参与产品标准的制定；监督会员单位依法经营，对违反协会章程和行业法律法规、达不到行业质量规范和服务标准、损害消费者合法权益、参与不正当竞争、影响行业形象的会员，采取警告、业内批评、通告、开除会员资格等惩戒措施，并及时向行业主管部门报告；对会员企业的产品和服务质量、竞争手段、经营作风进行行业评定，维护行业信誉，维护公平竞争秩序。

第三，权益维护。代表会员企业，维护会员的正当权益，向政府特别是行业主管部门反映企业和行业的要求；代表行业内的企业进行反垄断、反暗箱操作等的调查，或向政府提出调查申请；代表行业企业参与有关行业发展、行业改革以及与行业利益相关的政府决策论证，提出有关经济政策和立法的建议，参加政府举办的有关听证会。

第四，行业协调。引导会员企业贯彻执行政府的有关行业政策；协调会员与会员，会员与行业内非会员，会员与其他行业经营者、消费者及其他社会组织的关系；通过法律法规授权或政府委托，开展行业统计、行业调查、公信证明、价格协调等工作。

第二部分　房屋基础知识

2　房屋构成

2.1　房屋分类

1. 按照房屋使用性质划分

按照房屋的使用性质，建筑物分为民用建筑、工业建筑和农业建筑三大类。

其中，民用建筑按照使用功能，分为居住建筑和公共建筑两类。其中，居住建筑是指供家庭或个人居住使用的建筑，又可分为住宅、集体宿舍等。住宅是指供家庭居住使用的建筑。按照套型设计，每套住宅设有卧室、起居室（厅）、厨房和卫生间等基本空间。住宅可分为独立式（独院式）住宅、双联式（联立式）住宅、联排式住宅、单元式（梯间式）住宅、外廊式住宅、内廊式住宅、跃廊式住宅、跃层式住宅、点式（集中式）住宅、塔式住宅等。习惯上按照档次，还不很严格地把住宅分为普通住宅、高档公寓和别墅。公共建筑是指供人们购物、办公、学习、旅行、体育、医疗等使用的非生产性建筑，如商业建筑、办公建筑、文教建筑、旅馆建筑、观演建筑、体育建筑、展览建筑、医疗建筑等。工业建筑是指供工业生产使用或直接为工业生产服务的建筑。

工业建筑按照用途，分为主要生产厂房、辅助生产厂房、动力用厂房、储存用房屋、运输用房屋等。

农业建筑是指供农业生产使用或直接为农业生产服务的建筑，如料仓、水产品养殖场、饲养畜禽用房等。

2. 按照房屋层数或高度划分

按照房屋层数或高度的分类，可以将房屋分为低层住宅、多层住宅、中高层住宅和高层住宅。房屋层数是指房屋的自然层数，一般按室内地坪 ±0.00 以上计算；采光窗在室外地坪以上的半地下室，其室内层高在 2.20m 以上（不含 2.20m）的，计算自然层数。假层、附层（夹层）、插层、阁楼（暗楼）、装饰性塔楼，以及突出屋面的楼梯间、水箱间不计层数。房屋总层数为房屋地上层数与地下层数之和。建筑高度是指建筑物室外地面到其檐口或屋面面层的高度。屋顶上的水箱间、电梯机房、排烟机房和楼梯出口小间等不计入建筑高度。其中，1～3层的住宅为低层住宅，4～6层的住宅为多层住宅，7～9层的住宅为中高层住宅，10层及以上的住宅为高层住宅。公共建筑及综合性建筑，总高度超过 24m 的为高层，但不包括总高度超过 24m 的单层建筑。建筑总高度超过 100m 的，不论是住宅还是公共建筑、综合性建筑，均称为超高层建筑。

3. 按照房屋建筑结构划分

按照房屋建筑结构，房屋可以分为以下几种类型。

①砖木结构房屋。砖木结构房屋的主要承重构件是用砖、木做成。这类建筑物的层数一般较低，通常在 3 层以下。古代建筑、1949 年以前建造的城镇居民住宅、20 世纪五六十年代建造的民用房屋和简易房屋，大多为这种结构。

②砖混结构房屋。砖混结构房屋的竖向承重构件采用砖墙或砖柱，水平承重构件采用钢筋混凝土楼板、屋面板。这类建筑物的层数一般在 6 层以下，造价较低，但抗震性能较差，开间、进深及层高都受到一定的限制。

③钢筋混凝土结构房屋。钢筋混凝土结构房屋的承重构件如梁、板、柱、墙（剪力墙）、屋架等由钢筋和混凝土两大材料构成；其围护构件如外墙、隔墙等由轻质砖或其他砌体做成。其结构适应性强，抗震性能好，耐久年限较长。

④钢结构房屋。钢结构房屋的主要承重构件均是用钢材制成。优点有：重量轻、强度高、面积利用率高；安全可靠，抗震、抗风性能好；钢结构构件在工厂制作，缩短施工工期，符合装配式建筑要求。

⑤木结构房屋。木结构房屋是指以木材为主要受力体系的工程结构，具有设计灵活、建筑工期短、易于整修等优点，其最重要的优点是节能与环保。

无论钢材还是木材都属于可回收、可循环使用的材料，符合可持续发展理念。我国已经明确要求"积极稳妥推广钢结构建筑。在具备条件的地方，倡导发展现代木结构建筑。"

4. 按照房屋施工方法划分

施工方法是指建造建筑物时所采用的方法。按照施工方法的不同，建筑物分为下列三种。

①现浇、现砌式建筑。这种建筑物的主要承重构件均是在施工现场浇筑和砌筑而成。

②预制、装配式建筑。这种建筑物的主要承重构件均是在加工厂制成预制构件，在施工现场进行装配而成。

③部分现浇现砌、部分装配式建筑。这种建筑物的一部分构件（如墙体）是在施工现场浇筑或砌筑而成，一部分构件（如楼板、楼梯）则采用在加工厂制成的预制构件。

5. 按照房屋设计年限划分

建筑设计标准要求建筑物应达到的设计使用年限由建筑物的性质决定。《建筑结构可靠度设计统一标准》GB 50068—2001 以主体结构确定的建筑设计使用年限分为四级，见

表 2.1，并规定了其适用范围。影响建筑物实际使用年限的因素，除了建筑设计标准的要求，还有工程业主的要求、实际建筑设计水平、施工质量及房屋使用维修等。

房屋设计使用年限 　　　　　　　　　　　　　　　　　　表 2.1

类别	设计使用年限	示例
1	5	临时性建筑
2	25	易于替换结构的建筑
3	50	普通建筑
4	100	纪念性重要建筑

6. 按照房屋耐火等级划分

房屋的耐火等级是由组成建筑物的构件的燃烧性能和耐火极限决定的。根据材料的燃烧性能，将材料分为非燃烧材料、难燃烧材料和燃烧材料。用这些材料制成的建筑构件分别被称为非燃烧体、难燃烧体和燃烧体。耐火极限的单位是小时（h），是指从受到火的作用时起，到失去支持能力或发生穿透裂缝或背火一面的温度升高到 220℃时止的时间。

《建筑设计防火规范》GB50016—2014 把建筑物的耐火等级分为一级、二级、三级、四级，其中一级的耐火性能最好，四级的耐火性能最差。

2.2　房屋构成

房屋建筑通常是由若干个大小不等的室内空间组合而成的。这些室内空间的形成，往往又要借助于一片片实体的围合。这一片片实体，被称为建筑构件。

不同的房屋虽然在使用要求、空间组合、外形处理、结构形式、构造方式及规模大小等方面各有特点，但一幢房屋一般是由竖向建筑构件（如基础、墙体、柱等）、水平建筑构件（如地面、楼板、梁、屋顶等）及解决上下层交通联系的楼梯等组成。此外，有些建筑物还有台阶、坡道、散水、雨篷、阳台、烟囱、垃圾道、通风道等。

1. 基础和地基

基础是建筑物的组成部分，是建筑物地面以下的承重构件，它支撑着其上部建筑物的全部荷载，并将这些荷载及自重传给下面的地基。基础必须坚固、稳定而可靠。

按照基础使用的材料，基础分为灰土基础、三合土基础、砖基础、石基础、混凝土基础、毛石混凝土基础、钢筋混凝土基础等。

按照基础的埋置深度，基础分为浅基础、深基础和不埋基础。

按照基础的受力性能，基础分为刚性基础和柔性基础。刚性基础是指用砖、灰土、混凝土、三合土等受压强度大，而受拉强度小的刚性材料做成的基础。砖混结构房屋一般采用刚性基础。柔性基础是指用钢筋混凝土制成的受压、受拉均较强的基础。

按照基础的构造形式,基础分为条形基础、独立基础、筏板基础、箱形基础和桩基础。①条形基础是指呈连续的带形基础,包括墙下条形基础和柱下条形基础。②独立基础是指基础呈独立的块状,形式有台阶形、锥形、杯形等。③筏板基础是一块支承着许多柱子或墙的钢筋混凝土板,板直接作用于地基上,一块整板把所有的单独基础连在一起,使地基土的单位面积压力减小。筏板基础适用于地基土承载力较低的情况。筏板基础还有利于调整地基土的不均匀沉降,或用来跨过溶洞,用筏板基础作为地下室或坑槽的底板有利于防水、防潮。④箱形基础主要是指由底板、顶板、侧板和一定数量内隔墙构成的整体刚度较好的钢筋混凝土箱形结构。它是能将上部结构荷载较均匀地传至地基的刚性构件。箱形基础由于刚度大、整体性好、底面积较大,所以既能将上部结构的荷载较均匀地传到地基,又能适应地基的局部软硬不均,有效地调整基底的压力。箱形基础能建造比其他基础形式更高的建筑物,对于地基承载力较低的软弱地基尤为合适。箱形基础对于抵抗地震荷载的作用极为有利,国内外地震震害调查表明,凡是有箱形基础的建筑物,一般破坏和受伤害的情况比无箱形基础的建筑物轻。即使上部结构在地震中遭受破坏,也没有发现箱形基础破坏的现象。在地下水位较高的地段建造高层建筑,由于箱形基础底板为一块整板,因此有利于采取各种防水措施,施工方便,防水效果好。⑤桩基础。当建筑场地的上部土层较弱、承载力较小,不适宜采用在天然地基上作浅基础时宜采用桩基础。桩基础由设置于土中的桩和承接上部结构的承台组成。承台设置于桩顶,把各单桩联成整体,并把建筑物的荷载均匀地传递给各根桩,再由桩端传给深处坚硬的土层,或通过桩侧面与其周围土的摩擦力传给地基。前者称为端承桩,后者称为摩擦桩。

地基不是建筑物的组成部分,是承受由基础传下来的荷载的土体或岩体。建筑物必须建造在坚实可靠的地基上。为保证地基的坚固、稳定和防止发生加速沉降或不均匀沉降,地基应满足下列要求:①有足够的承载力。②有均匀的压缩量,以保证有均匀的下沉。如果地基下沉不均匀时,建筑物上部会产生开裂变形。③有防止产生滑坡、倾斜方面的能力,必要时(特别是存在较大的高度差时)应加设挡土墙,以防止出现滑坡变形。

地基分为天然地基和人工地基。未经人工加固处理的地基,称为天然地基;经过人工加固处理的地基,称为人工地基。当土层或岩层具有足够的承载力,不需要经过人工加固处理时,可以直接在其上建造建筑物。而当土层或岩层的承载力较小,或者虽然较好但上部荷载相对过大时,为使地基具有足够的承载力,应对土层或岩层进行加固。

2. 主体结构

墙体和柱是竖向承重构件,梁板是水平承重构件,将荷载及自重传给基础。

按照墙体在建筑物中的位置,墙体分为外墙和内墙。外墙位于建筑物四周,是建筑物的围护构件,起着挡风、遮雨、保温、隔热、隔声等作用。内墙位于建筑物内部,主要起分隔内部空间的作用,也可起到一定的隔声、防火等作用。

按照墙体在建筑物中的方向，墙体分为纵墙和横墙。纵墙是沿建筑物长轴方向布置的墙。横墙是沿建筑物短轴方向布置的墙，其中的外横墙通常称为山墙。按照墙体的受力情况，墙体分为承重墙和非承重墙。承重墙是直接承受梁、楼板、屋顶等传下来的荷载的墙。非承重墙是不承受外来荷载的墙。在非承重墙中，仅承受自重并将其传给基础的墙，称为承自重墙；仅起分隔空间作用，自重由楼板或梁来承担的墙，称为隔墙。在框架结构中，墙体不承受外来荷载，其中，填充柱之间的墙，称为填充墙。悬挂在建筑物外部以装饰作用为主的轻质墙板组成的墙，称为幕墙。按照幕墙使用的材料，幕墙分为玻璃幕墙、铝板幕墙、不锈钢板幕墙、花岗石板幕墙等。

按照墙体使用的材料，墙体分为砖墙、石块墙、小型砌块墙、钢筋混凝土墙。

按照墙体的构造方式，墙体分为实体墙、空心墙和复合墙。实体墙是用黏土砖和其他实心砌块砌筑而成的墙。空心墙是墙体内部中有空腔的墙，这些空腔可以通过砌筑方式形成，也可以用本身带孔的材料组合而成，如空心砌块等。复合墙是指用两种以上材料组合而成的墙，如加气混凝土复合板材墙。

柱是建筑物中直立的起支持作用的构件。它承担、传递梁和楼板两种构件传来的荷载。

3. 门和窗

门的主要作用是交通出入，分隔和联系建筑空间。窗的主要作用是采光、通风及观望。门和窗对建筑物外观及室内装修造型也起着很大作用。门和窗都应造型美观大方，构造坚固耐久，开启灵活，关闭紧严、隔声、隔热。

门一般由门框、门扇、五金等组成。按照门使用的材料，门分为木门、钢门、铝合金门、塑钢门。按照门开启的方式，门分为平开门（又可分为内开门和外开门）、弹簧门、推拉门、转门、折叠门、卷帘门、上翻门和升降门等。按照门的功能，门分为防火门、安全门和防盗门等。按照门在建筑物中的位置，门分为围墙门、入户门、内门（房间门、厨房门、卫生间门）等。

窗一般由窗框、窗扇、玻璃、五金等组成。按照窗使用的材料，窗分为木窗、钢窗、铝合金窗、塑钢窗。按照窗开启的方式，窗分为平开窗（又可分为内开窗和外开窗）、推拉窗、旋转窗（又可分为横式旋转窗和立式旋转窗。横式旋转窗按转动铰链或转轴位置的不同，又可分为上悬窗、中悬窗和下悬窗）、固定窗（仅供采光及眺望，不能通风）。按照窗在建筑物中的位置，窗分为侧窗和天窗。

4. 楼面及地面

地面是指建筑物底层的地坪，主要作用是承受人、家具等荷载，并把这些荷载均匀地传给地基。常见的地面由面层、垫层和基层构成。对有特殊要求的地坪，通常在面层与垫层之间增设一些附加层。

地面的名称通常以面层使用的材料来命名。例如，面层为水泥砂浆的，称为水泥砂浆地面，简称水泥地面；面层为水磨石的，称为水磨石地面。

按照面层使用的材料和施工方式，地面分为以下几类：①整体类地面，包括水泥砂浆地面、细石混凝土地面和水磨石地面等。②块材类地面，包括普通黏土砖、大阶砖、水泥花砖、缸砖、陶瓷地砖、陶瓷锦砖、人造石板、天然石板以及木地面等。③卷材类地面，常见的有塑料地面、橡胶毡地面以及无纺织地毯地面等。④涂料类地面。

面层是人们直接接触的表面，要求坚固耐磨、平整、光洁、防滑、易清洁、不起尘。此外，居住和人们长时间停留的房间，要求地面有较好的蓄热性和弹性；浴室、厕所要求地面耐潮湿、不透水；厨房、锅炉房要求地面防水、耐火；实验室要求地面耐酸碱、耐腐蚀等。

楼板是分隔建筑物上下层空间的水平承重构件，主要作用是承受人、家具等荷载，并把这些荷载及自重传给承重墙或梁、柱、基础。楼板应有足够的强度，能够承受使用荷载和自重；应有一定的刚度，在荷载作用下挠度变形不超过规定数值；应满足隔声要求，包括隔绝空气传声和固体传声；应有一定的防潮、防水和防火能力。

楼板的基本构造是面层、结构层和顶棚。楼板面层的做法和要求与地面面层相同。

按照结构层使用的材料，楼板分为木楼板、砖拱楼板、钢筋混凝土楼板等。木楼板的构造简单，自重较轻，但防火性能不好，不耐腐蚀，又由于木材昂贵，现在除等级较高的建筑物外，一般建筑物中应用较少。砖拱楼板自重较大，抗震性能较差，目前也较少应用。钢筋混凝土楼板坚固、耐久、强度高、刚度大、防火性能好，目前应用比较普遍。钢筋混凝土楼板按照施工方式，分为预制、叠合和现浇三种。在有地震的地区，通常采用现浇钢筋混凝土楼板。

顶棚又称天花，是室内饰面之一，表面应光洁、美观，且能起反射作用，以改善室内的亮度。顶棚还应具有隔声、保温、隔热等方面的功能。顶棚可分为直接式顶棚和吊顶棚两类。直接式顶棚是直接在楼板结构层下喷、刷或粘贴建筑装饰材料的一种构造方式。吊顶棚简称吊顶，一般由龙骨和面层两部分组成。

梁是跨过空间的横向构件，主要起结构水平承重作用，承担其上的楼板传来的荷载，再传到支撑它的柱或承重墙上。圈梁主要是为了提高建筑物整体结构的稳定性，环绕整个建筑物墙体所设置的梁。

按照梁使用的材料，梁分为钢梁、钢筋混凝土梁和木梁；按照力的传递路线，梁分为主梁和次梁；按照梁与支撑的连接状况，梁分为简支梁、连续梁和悬臂梁。

5. 楼梯

楼梯是建筑物的垂直交通设施，供人们上下楼层、疏散人流或运送物品之用。在建筑物中，布置楼梯的房间称为楼梯间。

两层以上的建筑物必须有垂直交通设施。垂直交通设施的主要形式有楼梯、电梯、自动扶梯、台阶和坡道等。低层和多层住宅一般以楼梯为主。多层公共建筑、高层建筑经常需要设置电梯或自动扶梯，同时为了消防和紧急疏散的需要，必须设置楼梯。

楼梯一般由楼梯段、休息平台和栏杆、扶手组成。楼梯段是由若干个踏步组成的供层间上下行走的倾斜构件，是楼梯的主要使用和承重部分。休息平台是指联系两个倾斜楼梯段之间的水平构件，主要作用是供人行走时缓冲疲劳和分配从楼梯到达各楼层的人流。栏杆和扶手是设置在楼梯段和休息平台临空边缘的安全保护构件。

按照楼梯的结构形式，楼梯分为板式楼梯、梁式楼梯和悬挑楼梯；按照楼梯的施工方法，楼梯分为现浇钢筋混凝土楼梯和预制装配式钢筋混凝土楼梯；按照楼梯在建筑物中的位置，楼梯分为室内楼梯和室外楼梯；按照楼梯的使用性质，楼梯分为室内主要楼梯、辅助楼梯、室外安全楼梯和防火楼梯；按照楼梯使用的材料，楼梯分为钢筋混凝土楼梯、木楼梯和钢楼梯等；按照楼层间楼梯的数量和上下楼层方式，楼梯分为直跑式楼梯、双跑式楼梯、多跑式楼梯、折角式楼梯、双分式楼梯、双合式楼梯、剪刀式楼梯和曲线式楼梯等。

按照楼梯间封闭程度不同，楼梯间分为开敞楼梯间、封闭楼梯间和防烟楼梯间。

6. 屋顶

屋顶是建筑物顶部起覆盖作用的围护构件，由屋面、承重结构层、保温隔热层和顶棚组成。常见的屋顶类型有平屋顶、坡屋顶，此外还有球面、曲面、折面等形式的屋顶。

屋顶的主要作用是抵御自然界的风、雨、雪以及太阳辐射、气温变化和其他外界的不利因素，使屋顶覆盖下的空间冬暖、夏凉。屋顶又是建筑物顶部的承重构件，承受积雪、积灰、人等荷载，并将这些荷载传给承重墙或梁、柱。因此，屋顶应满足防水、保温、隔热以及隔声、防火等要求，必须稳固。

2.3　房屋设备

建筑设备指安装在建筑物内为人们居住、生活、工作提供便利、舒适、安全等条件的设备。主要包括以建筑给水排水、建筑通风、建筑照明、采暖空调、建筑电气和电梯等。

1. 给水设备

给水系统的作用是供应建筑物用水，满足建筑物对水量、水质、水压和水温的要求。给水系统按供水用途，可分为生活给水系统、生产给水系统、消防给水系统三种。

供水方式应当根据建筑物的性质、高度，用水设备情况，室外配水管网的水压、水量，以及消防要求等因素决定。常用的供水方式有下列四种：

第一，直接供水方式：适用于室外配水管网的水压、水量能终日满足室内供水的情况。这种供水方式简单、经济且安全。

第二，设置水箱的供水方式：适用于室外配水管网的水压在一天之内有定期的高低变化需设置屋顶水箱的情况。水压高时，水箱蓄水；水压低时，水箱放水。这样，可以利用室外配水管网水压的波动，通过水箱蓄水或放水满足建筑物的供水要求。

第三，设置水泵、水箱的供水方式：适用于室外配水管网的水压经常或周期性低于室内所需水压的情况。当用水量较大时，采用水泵提高水压，可减小水箱容积。水泵与水箱连锁自动控制水泵停、开，能够节省能源。

第四，分区、分压供水方式：适用于在多层和高层建筑中，室外配水管网的水压仅能供下面楼层用水，不能供上面楼层用水的情况。为了充分利用室外配水管网的水压，通常将给水系统分为上下两个供水区，下区由室外配水管网水压直接供水，上区由水泵加压后与水箱联合供水。如果消防给水系统与生产或生活给水系统合并使用时，消防水泵需满足上下两区消防用水量的要求。

给水管道布置总的要求是管线尽量简短、经济，便于安装维修。给水管道的敷设有明装和暗装两种。明装是管线沿墙、墙角、梁或地板上及顶棚下等处敷设，其优点是安装、检修方便，缺点是不美观。暗装是将供水管道设置于墙槽内、吊顶内、管井或管沟内。考虑维修方便，管道穿过基础墙、地板处时应预留孔洞，尽量避免穿越梁、柱。目前给水管道的材料主要是塑料管材，其优点是耐腐蚀、耐久性好、易连接、不易渗漏。

在一般建筑物中，根据要求可设置消防与生活或生产结合的联合给水系统。对于消防要求高的建筑物或高层建筑，应设置独立的消防给水系统。

第一，消火栓系统：是最基本的消防给水系统，在多层或高层建筑物中已广泛使用。消火栓箱安装在建筑物中经常有人通过、明显和使用方便之处。消火栓箱中装有消防龙头、水龙带、水枪等器材。

第二，自动喷淋系统：在火灾危险性较大、燃烧较快、无人看管或防火要求较高的建筑物中，需装设自动喷淋消防给水系统，其作用是当火灾发生时，能自动喷水扑灭火灾，同时又能自动报警。该系统由洒水喷头、供水管网、贮水箱、控制信号阀及烟感、温感等各式探测报警器等部分组成。

热水供应系统一般按竖向分区。为保证供水效果，建筑物内通常设置机械循环集中热水供应系统，热水的加热器和水泵均集中于地下的设备间。如果建筑物较高，分区数量较多，为防止加热器负担过大压力，可将各分区的加热器和循环水泵设在该区的设备层中，分别供应本区热水。

在电力供应充足或有燃气供应时，可设置电热水器或燃气热水器的局部供应热水系统。此时只需由冷水管道供水，省去一套集中热水系统，且使用也比较灵活方便。

在人们日常生活用水中，饮用水仅占很小部分。为了提高饮水品质，可用两套系统供水，其中一套是提供高质量、净化后的直接饮用水。

2. 排水设备

建筑排水系统按其排放的性质，一般可分为生活污水、生产废水、雨水三类排水系统。排水系统力求简短，安装正确牢固，不渗不漏，使管道运行正常，它通常由下列部分组成：

卫生器具：包括洗脸盆、洗手盆、洗涤盆、洗衣盆（机）、洗菜盆、浴盆、拖布池、大便器、小便池、地漏等。

排水管道：包括器具排放管、横支管、立管、埋设地下总干管、室外排出管、通气管及其连接部件。

需要注意的是，当排水不能以重力流排至室外排水管中时，必须设置局部污水抽升设备来排除内部污水、废水。常用的抽升设备有污水泵、潜水泵、喷射泵、手摇泵及气压输水器等。

在有污水处理厂的城市中，生活或有害的工业污水、废水需先经过局部处理才能排放，处理方式有以下几种：

化粪池：化粪池是用钢筋混凝土或砖石砌筑成的地下构筑物。其主要功能是去除污水中含有的油脂，以免堵塞排水管道。

中水道系统：中水道是为降低市政建设中给排水工程的投资，改善环境卫生，缓和城市供水紧张而采用废水处理后回用的技术措施。废水处理后回用的水不能饮用，只能供冲洗厕所、道路、汽车或消防用水和绿化用水。设置中水道系统，要按规定配套建设中水设施，如净化池、消毒池、水处理设备等。

3. 供暖设备

在冬季比较寒冷的地区，室外温度低于室内温度，而房间的围护结构不断地向室外散失热量，在风压作用下通过门窗缝隙渗入室内的冷空气也会消耗室内的热量，造成室内温度下降。供暖系统的作用是通过散热设备不断地向房间供给热量，以补偿房间内的热耗失量，维持室内一定的环境温度。

常用的供暖方式主要包括区域供热、集中供暖和局部供暖。

区域供热：大规模的集中供热系统是由一个或多个大型热源产生的热水或蒸汽，通过区域供热管网，供给地区以至整个城市的建筑物采暖、生活或生产用热。如大型区域锅炉房或热电厂供热系统。

集中供暖：由热源（锅炉产生的热水或蒸汽作为热媒）经输热管道送到采暖房间的散热器或地热管中，放出热量后，经回水管道流回热源重新加热，循环使用。

局部供暖：将热源和散热设备合并成一个整体分散设置在各个采暖房间。如火炉、火炕、空气电加热器等。

供暖系统包括热水供暖系统和蒸汽供暖系统两类。

热水供暖系统：该系统一般由锅炉、输热管道、散热器、循环水泵、膨胀水箱等组成。

蒸汽供暖系统：该系统以蒸汽锅炉产生的饱和水蒸气作为热媒，经管道进入散热器内，将饱和水蒸气的汽化潜热散发到房间周围的空气中，水蒸气冷凝成同温度的饱和水，凝结水再经管道及凝结水泵返回锅炉重新加热。与热水供暖相比，蒸汽供暖热得快，冷得也快，多适用于间歇性的供暖建筑（如影剧院、俱乐部）。

4. 电气设备

室内配电用的电压，最普通的为 220V/380V 三相五线制、50Hz 交流电压。220V 单相负载用于电灯照明或其他家用电器设备，380V 三相负载多用于有电动机的设备及平衡荷载。

导线是供配电系统中一个重要组成部分，包括导线型号与导线截面的选择。供电线路中导线型号的选择，是根据使用的环境、敷设方式和供货的情况而定。导线截面的选择，应根据机械强度、导线电流的大小、电压损失等因素确定。

配电箱是接受和分配电能的装置。配电箱按用途，可分为照明和动力配电箱；按安装形式，可分为明装（挂在墙上或柱上）、暗装和落地柜式。用电量小的建筑物可只设一个配电箱；用电量较大的可在每层设分配电箱。在首层设总配电箱；对于用电量大的建筑物，根据各种用途可设置数量较多的各种类型的配电箱。

电开关包括刀开关和自动空气开关。前者适用于小电流配电系统中，可作为一般电灯、电器等回路的开关来接通或切断电路，此种开关有双极和三极两种；后者主要用来接通或切断负荷电流。因此又称为电压断路器。开关系统中一般还应设置熔断器，主要用来保护电气设备免受过负荷电流和短路电流的损害。

电表用来计算用户的用电量，并根据用电量来计算应缴电费数额，交流电度表可分为单相和三相两种。选用电表时要求额定电流大于最大负荷电流，并适当留有余地，考虑今后发展的可能。

我国是受雷电灾害严重危害的国家。雷电是大气中的自然放电现象，它有可能破坏建筑物及电器设备和网络，并危及人的生命。因此，建筑物应有防雷装置，以避免遭受雷击。建筑物的防雷装置一般由接闪器（避雷针、避雷带或避雷网）、引下线和接地装置三个部分组成。避雷针是作防雷用，其功能不在于避雷，而是接受雷电流。一般情况下，优先考虑采用避雷针，也可采用避雷带或避雷网。引下线一般采用圆钢或扁钢制成，沿建筑物外墙敷设，并以最短路径与接地装置连接。接地装置一般由角钢、圆钢、钢管制成，其作用是将雷电流散泄到大地中。

5. 通风和空调设备

在人们生产和生活的室内空间，需要维持一定的空气环境，通风与空气调节是创造这种空气环境的一种手段。

为了维持室内合适的空气环境湿度与温度，需要排出其中的余热余湿、有害气体、水蒸气和灰尘，同时送入一定质量的新鲜空气，以满足人体卫生或生产车间工艺的要求。

通风系统按动力，分为自然通风和机械通风；按作用范围，分为全面通风和局部通风；按特征，分为进气式通风和排气式通风。

空气调节是使室内的空气温度、相对湿度、气流速度、洁净度等参数保持在一定范围内的技术，是建筑通风的发展和继续。空调系统对送入室内的空气进行过滤、加热或冷却、干燥或加湿等各种处理，使空气环境满足不同的使用要求。

空气调节工程一般可由空气处理设备（如制冷机、冷却塔、水泵、风机、空气冷却器、加热器、加湿器、过滤器、空调器、消声器）和空气输送管道，以及空气分配装置的各种风口和散流器，还有调节阀门、防火阀等附件所组成。

按空气处理的设置情况分类，空调系统可以分为集中式系统（空气处理设备大都设置在集中的空调机房内，空气经处理后由风道送入各房间）、分布式系统（将冷、热源和空气处理与输送设备整个组装的空调机组，按需要直接放置在空调房内或附近的房间内，每台机组只供一个或几个小房间，或者一个大房间内放置几台机组）、半集中式系统（集中处理部分或全部风量，然后送往各个房间或各区进行再处理）。

6. 燃气设备

燃气是一种气体燃料，根据其来源，可分为天然气、人工煤气和液化石油气。燃气具有较高的热能利用率，燃烧温度高，火力调节容易，使用方便，燃烧时没有灰渣，清洁卫生。但是，燃气易引起燃烧或爆炸，火灾危险性较大，人工煤气具有较强的毒性，容易引起中毒事故。因此，燃气管道及设备等的设计、敷设或安装，都应有严格的要求。

城市燃气一般采用管道供应，其供应系统由气源、供应管网及储备站、调压站等组成。城市燃气供应管网通常分为街道燃气管网和庭院燃气管网两部分，根据输送压力的不同，又可分为低压管网（$p \leqslant 5\mathrm{kPa}$）、中压管网（$5\mathrm{kPa} < p \leqslant 150\mathrm{kPa}$）、次高压管网（$150\mathrm{kPa} < p \leqslant 300\mathrm{kPa}$）、高压管网（$300\mathrm{kPa} < p \leqslant 800\mathrm{kPa}$）。燃气经过净化后通常先输入街道高压管网或次高压管网，经过燃气调压站，进入街道中压管网，然后经过区域燃气调压站，进入街道低压管网，再经过庭院管网接入用户。临近街道的建筑物也可直接由街道低压管网引入。

室内燃气供应系统由室内燃气管道、燃气表和燃气用具等组成。燃气经过室内燃气管道、燃气表再达到各个用气点。

室内燃气管道由引入管、立管和支管等组成，不得穿过变配电室、地沟、烟道等地方，必须穿过时，需采取相应的措施加以保护。燃气引入管穿越建筑物的基础时应加设套管，应有一定的坡度通向室外，并设有阀门。燃气立管进户应设总阀门，穿越楼板时应加设套管，上下端设活接头，以便于检修。燃气支管从立管上接出，并设有阀门，应有一定的坡度通向各个用气点。

燃气表所在的房间室温应高于0℃，一般直接挂装在墙上。当燃气表与燃气灶之间的净距大于300mm时，表底距地面的净距不小于1.4m；当燃气表与燃气灶之间的净距小于300mm时，表底距地面的净距不小于1.8m。

常用的燃气用具有燃气灶、燃气热水器、家庭燃气炉、燃气开水炉等。

7. 电梯设备

电梯是沿固定导轨自一个高度运行至另一个高度的升降机，是一种建筑物的竖向交通工具。电梯的类型、数量及电梯厅的位置对高层建筑人群的疏散起着重要作用。

电梯按使用性质，可分为客梯、货梯、消防电梯、观光电梯。客梯主要用于人们在建筑中竖向的联系。货梯主要用于运送货物及设备。消防电梯主要用于发生火灾、爆炸等紧急情况下作安全疏散人员和消防人员紧急救援使用。观光电梯是把竖向交通工具和登高流动观景相结合的电梯。

电梯按行驶速度，可分为高速电梯、中速电梯、低速电梯。消防电梯的常用速度大于 2.5m/s，客梯速度随层数增加而提高。中速电梯的速度为 1.5～2.5m/s。低速电梯的速度在 1.5m/s 之内。

电梯的设置首先应考虑安全可靠，方便用户，其次才是经济。电梯由于运行速度快，可节省交通时间。在商店、写字楼、宾馆等均可设置电梯。一般一部电梯的服务人数在 400 人以上，服务面积为 450～650m²。在住宅中，为满足日常使用，设置电梯应符合以下要求：① 7 层以上（含 7 层）的住宅或住户入口层楼面距室外设计地面的高度超过 16m 以上的住宅，必须设置电梯。② 12 层以上（含 12 层）的住宅，设置电梯不应少于两台，其中宜配置一台可容纳担架的电梯。③高层住宅电梯宜每层设站，当住宅电梯非每层设站时，不设站的层数不应超过两层。塔式和通廊式高层住宅电梯宜成组集中布置。单元式高层住宅每单元只设一部电梯时，应采用联系廊联通。

电梯及电梯厅应适当集中，位置要适中，以便各层和层间的服务半径均等。电梯在高层建筑中的位置一般可归纳为：在建筑物平面中心；在建筑物平面的一侧；在建筑物平面基本体量以外。在建筑平面布置中，电梯厅与主要通道应分隔开，以免相互干扰。

8. 智能化设备

楼宇智能化是以综合布线系统为基础，综合利用现代 4C 技术（现代计算机技术、现代通信技术、现代控制技术、现代图形显示技术），在建筑物内建立一个由计算机系统统一管理的一元化集成系统，全面实现对通信系统、办公自动化系统和各种建筑设备（空调、供热、给排水、变配电、照明、电梯、消防、公共安全）等的综合管理。

楼宇智能化系统由下列三部分组成。

通信自动化（CA）。它是指建筑物本身应具备的通信能力，包括建筑物内的局域网和对外联络的广域网及远域网。通信自动化能为建筑物内的用户提供易于连接、方便、快速的各类通信服务，畅通音频电话、数字信号、视频图像、卫星通信等各类传输渠道。

办公自动化（OA）。它是指为最终使用者所具体应用的自动化功能，提供包括各类网络在内的饱含创意的工作场所和富于思维的创造空间，创造出高效有序及安逸舒适的工作环境，为建筑物内用户的信息检索与分析、智能化决策、电子商务等业务工作提供方便。

楼宇自动化（BA）。它主要是对建筑物内的所有机电设施和能源设备实现高度自动化和智能化管理，以中央计算机或中央监控系统为核心，对建筑物内设置的供水、电力照明、空气调节、冷热源、防火防盗、监控显示和门禁系统以及电梯等各种设备的运行情况，进行集中监测控制和科学管理，创造和提供一个人们感到适宜的温度、湿度、照明和空气清新的工作和生活环境，达到高效、节能、舒适、安全、便利和实用的要求。楼宇自动化系统应具备以下基本功能：①保安监视控制功能，包括保安闭路电视设备、巡更对讲通信设备、与外界连接的开口部位的警戒设备和人员出入识别装置紧急报警、处警和通信联络设施。②消防灭火报警监控功能，包括烟火探测传感装置和自动报警控制系统，联动控制启闭消防栓、自动喷淋及灭火装置，自动排烟、防烟、保证疏散人员通道通畅和事故照明电源正常工作等的监控设施。③公用设施监视控制功能，包括高低变压、配电设备和各种照明电源等设施的切换监视。给水、排水系统和卫生设施等运行状态进行自动切换、启闭运行和故障报警等监视控制。冷热源、锅炉以及公用贮水等设施的运行状态显示、监视告警、电梯、其他机电设备以及停车场出入自动管理系统等监视控制。

楼宇智能化系统也可分解为下列子系统：中央计算机及网络系统，办公自动化系统，建筑设备自控系统，智能卡系统，火灾报警系统，内部通信系统，卫星及公用天线系统，停车场管理系统，综合布线系统。

智能化楼宇的主要优点是：提供安全、舒适、高效率的工作环境，节约能耗，提供现代化的通信手段和信息服务，建立科学先进的综合管理机制。

智能化住宅要充分体现"以人为本"的原则，其基本要求有：在卧室、客厅等房间要设置电线插座，在卧室、书房、客厅等房间应设置信息插座，要设置客对讲和住宅出入口门锁控制装置，要在厨房内设置燃气报警装置，宜设置紧急呼叫求救按钮，宜设置水表、电表、燃气表、暖气的远程自动计量装置。

智能化居住区的基本要求：第一，设置智能化居住区安全防范系统。根据居住区的规模、档次及管理要求，可选设下列安全防范系统：居住区周边防范报警系统、居住区客对讲系统、110报警系统、电视监控系统和门禁及居住区巡更系统。第二，设置智能化居住区信息服务系统。根据居住区服务要求，可选设下列信息服务系统：有线电视系统、卫星接收装置、语音和数据传输网络和网上电子住处服务系统。第三，设置智能化居住区物业管理系统。根据居住区管理要求，可选设下列物业管理系统：水表、电表、燃气表、暖气的远程自动计量系统，停车管理系统，居住区背景音乐系统，电梯运行状态监视系统，居住区公共照明、给排水等设备的自动控制系统，住户管理、设备管理等物业管理系统。

3 房屋状况

3.1 物理状况

1. 面积
房屋面积主要有建筑面积、使用面积，成套房屋还有套内建筑面积、共有建筑面积、分摊的共有建筑面积，此外还有预测面积、实测面积、合同约定面积、产权登记面积。

（1）建筑面积：是指房屋外墙（柱）勒脚以上各层的外围水平投影面积，包括阳台、挑廊、地下室、室外楼梯等，且具备上盖，结构牢固，层高2.20m以上（含2.20m，下同）的永久性建筑。

（2）使用面积：是指房屋户内全部可供使用的空间面积，按房屋的内墙面水平投影计算。

（3）套内建筑面积：是指由套内房屋使用面积、套内墙体面积、套内阳台建筑面积三部分组成的面积。

（4）共有建筑面积：是指各产权人共同占有或共同使用的建筑面积，它应按一定方式在各产权人之间进行分摊。

（5）分摊的共有建筑面积：是指某个产权人在共有建筑面积中所分摊的面积。

（6）预测面积：根据预测方式的不同，预测面积分为按图纸预测的面积和按已完工部分结合图纸预测的面积两种。按图纸预测的面积，是指在商品房预售时按商品房建筑设计图上尺寸计算的房屋面积。按已完工部分结合图纸预测的面积，是指对商品房已完工部分实际测量后，结合商品房建筑设计图，测算出的房屋面积。

（7）实测面积：又称竣工面积，是指房屋竣工后由房产测绘单位实际测量后出具的房屋面积实测数据。实测面积有时与预测面积不一致，原因可能是允许的施工误差、测量误差造成的，也可能是工程变更（包括建筑设计方案变更）、施工错误、施工放样误差过大、房屋竣工后原属于应分摊的共有建筑面积的功能或服务范围改变等造成的。

（8）合同约定面积：简称合同面积，是指商品房出卖人和买受人在商品房预（销）售合同中约定的所买卖商品房的面积。

（9）产权登记面积：是指由房产测绘单位测算，标注在房屋权属证书上、记入房屋权属档案的房屋的建筑面积。

小知识

房屋面积测算的一般规定

房屋面积测算是验房师的基本技能之一，下面为大家介绍一下房屋面积测算的基本规则。

1. 房屋面积测算的一般规定

（1）房屋面积测算是指水平投影面积测算。

（2）房屋面积测量的精度必须达到现行国家标准《房产测量规范》GB/T17986—2000规定的房产面积的精度要求。

（3）房屋面积测算必须独立进行两次，其较差应在规定的限差以内，取简单算术平均数作为最后结果。

（4）量距应使用经检定合格的卷尺或其他能达到相应精度的仪器和工具。

（5）边长以米（m）为单位，取至0.01m；面积以平方米（m²）为单位，取至0.01m²。

2. 房屋建筑面积的测算

（1）计算建筑面积的一般规定

①计算建筑面积的房屋，应是永久性结构的房屋。

②计算建筑面积的房屋，层高应在2.20m以上。

③同一房屋如果结构、层数不相同时，应分别计算建筑面积。

（2）计算全部建筑面积的范围

①单层房屋，按一层计算建筑面积；二层以上（含二层，下同）的房屋，按各层建筑面积的总和计算建筑面积。

②房屋内的夹层、插层、技术层及其楼梯间、电梯间等其高度在2.20m以上部位计算建筑面积。

③穿过房屋的通道，房屋内的门厅、大厅，均按一层计算面积。门厅、大厅内的回廊部分，层高在2.20m以上的，按其水平投影面积计算。

④楼梯间、电梯（观光梯）井、提物井、垃圾道、管道井等均按房屋自然层计算面积。

⑤房屋天面上，属永久性建筑，层高在2.20m以上的楼梯间、水箱间、电梯机房及斜面结构屋顶高度在2.20m以上的部位，按其外围水平投影面积计算。

⑥挑楼、全封闭的阳台，按其外围水平投影面积计算。属永久性结构有上盖的室外楼梯，按各层水平投影面积计算。与房屋相连的有柱走廊，两房屋间有上盖和柱的走廊，均按其柱的外围水平投影面积计算。房屋间永久性的封闭的架空通廊，按外围水平投影面积计算。

⑦地下室、半地下室及其相应出入口，层高在2.20m以上的，按其外墙（不包括采光井、防潮层及保护墙）外围水平投影面积计算。

⑧有柱（不含独立柱、单排柱）或有围护结构的门廊、门斗，按其柱或围护结构的外围水平投影面积计算。

⑨玻璃幕墙等作为房屋外墙的，按其外围水平投影面积计算。

⑩属永久性建筑有柱的车棚、货棚等，按柱的外围水平投影面积计算。

⑪依坡地建筑的房屋，利用吊脚做架空层，有围护结构的，按其高度在2.20m以上部位的外围水平投影面积计算。

⑫有伸缩缝的房屋，如果其与室内相通的，伸缩缝计算建筑面积。

（3）计算一半建筑面积的范围

①与房屋相连有上盖无柱的走廊、檐廊，按其围护结构外围水平投影面积的一半计算。

②独立柱、单排柱的门廊、车棚、货棚等属永久性建筑的，按其上盖水平投影面

积的一半计算。

③未封闭的阳台、挑廊，按其围护结构外围水平投影面积的一半计算。

④无顶盖的室外楼梯按各层水平投影面积的一半计算。

⑤有顶盖不封闭的永久性的架空通廊，按外围水平投影面积的一半计算。

(4) 不计算建筑面积的范围

①层高在 2.20m 以下（不含 2.20m，下同）的夹层、插层、技术层和层高在 2.20m 以下的地下室和半地下室。

②突出房屋墙面的构件、配件、装饰柱、装饰性的玻璃幕墙、垛、勒脚、台阶、无柱雨篷等。

③房屋之间无上盖的架空通廊。

④房屋的天面、挑台、天面上的花园、泳池。

⑤建筑物内的操作平台、上料平台及利用建筑物的空间安置箱、罐的平台。

⑥骑楼、过街楼的底层用作道路街巷通行的部分。

⑦利用引桥、高架路、高架桥、路面作为顶盖建造的房屋。

⑧活动房屋、临时房屋、简易房屋。

⑨独立烟囱、亭、塔、罐、池、地下人防干、支线。

⑩与房屋室内不相通的房屋间的伸缩缝。

(5) 几种特殊情况下计算建筑面积的规定

①同一楼层外墙，既有主墙，又有玻璃幕墙的，以主墙为准计算建筑面积，墙厚按主墙体厚度计算。各楼层墙体厚度不相同时，分层分别计算。金属幕墙及其他材料幕墙，参照玻璃幕墙的有关规定处理。

②房屋屋顶为斜面结构（坡屋顶）的，层高（高度）2.20m 以上的部位计算建筑面积。

③全封闭阳台、有柱挑廊、有顶盖封闭的架空通廊的外围水平投影超过其底板外沿的，以底板水平投影计算建筑面积。未封闭的阳台、无柱挑廊、有顶盖未封闭的架空通廊的外围水平投影超过其底板外沿的，以底板水平投影的一半计算建筑面积。

④与室内任意一边相通，具备房屋的一般条件，并能正常利用的伸缩缝、沉降缝应计算建筑面积。

⑤对倾斜、弧状等非垂直墙体的房屋，层高（高度）2.20m 以上的部位计算建筑面积。房屋墙体向外倾斜，超出底板外沿的，以底板水平投影计算建筑面积。

⑥楼梯已计算建筑面积的，其下方空间不论是否利用均不再计算建筑面积。

⑦临街楼房、挑廊下的底层作为公共道路街巷通行的，不论其是否有柱，是否有维护结构，均不计算建筑面积。

⑧与室内不相通的类似于阳台、挑廊、檐廊的建筑，不计算建筑面积。

⑨室外楼梯的建筑面积，按其在各楼层水平投影面积之和计算。

3. 成套房屋建筑面积的测算

（1）成套房屋建筑面积的内涵

对于整幢为单一产权人的房屋，房屋建筑面积的测算一般以幢为单位进行。随着同一幢房屋内产权出现多元化及功能出现多样化，如多层、高层住宅楼中每户居民各拥有其中一套，除单一功能的住宅楼外还有商住楼、综合楼等，从而还需要房屋建筑面积测算分层、分单元、分户进行，由此产生了分幢建筑面积、分层建筑面积、分单元建筑面积和分户建筑面积等概念。

分幢建筑面积是指以整幢房屋为单位的建筑面积。分层建筑面积是指以房屋某层或某几层为单位的建筑面积。分单元建筑面积是指以房屋某梯或某几个套间为单位的建筑面积。分户建筑面积是指以一个套间为单位的建筑面积。分层建筑面积的总和，分单元建筑面积的总和，分户建筑面积的总和，均等于分幢建筑面积。成套房屋建筑面积通常是指分户建筑面积。

（2）成套房屋建筑面积的组成

成套房屋的建筑面积由套内建筑面积和分摊的共有建筑面积组成，即

建筑面积＝套内建筑面积＋分摊的共有建筑面积

成套房屋的套内建筑面积由套内房屋使用面积、套内墙体面积、套内阳台建筑面积三部分组成，即

套内建筑面积＝套内房屋使用面积＋套内墙体面积＋套内阳台建筑面积

（3）套内房屋使用面积的计算

套内房屋使用面积为套内房屋使用空间的面积，以水平投影面积按以下规定计算：

①套内使用面积为套内卧室、起居室、过厅、过道、厨房、卫生间、厕所、贮藏室、壁柜等空间面积的总和。

②套内楼梯按自然层数的面积总和计入使用面积。

③不包括在结构面积内的套内烟囱、通风道、管道井均计入使用面积。

④内墙面装饰厚度计入使用面积。

（4）套内墙体面积的计算

套内墙体面积是套内使用空间周围的围护或承重墙体或其他承重支撑体所占的面积，其中各套之间的分隔墙和套与公共建筑空间的分隔墙以及外墙（包括山墙）等共有墙，均按水平投影面积的一半计入套内墙体面积。套内自有墙体按水平投影面积全部计入套内墙体面积。

（5）套内阳台建筑面积的计算

套内阳台建筑面积均按阳台外围与房屋外墙之间的水平投影面积计算。其中，封闭的阳台按水平投影全部计算建筑面积，未封闭的阳台按水平投影的一半计算建筑面积。

(6) 分摊的共有建筑面积的计算

①共有建筑面积的类型

根据房屋共有建筑面积的不同使用功能（如住宅、商业、办公等），应分摊的共有建筑面积分为幢共有建筑面积、功能共有建筑面积、本层共有建筑面积三大类。

幢共有建筑面积是指为整幢服务的共有建筑面积，如为整幢服务的配电房、水泵房等。

功能共有建筑面积是指专为某一使用功能服务的共有建筑面积，如专为某一使用功能（如商业）服务的电梯、楼梯间、大堂等。

本层共有建筑面积是指专为本层服务的共有建筑面积，如本层的共有走廊等。

②共有建筑面积的内容

共有建筑面积的内容包括：作为公共使用的电梯井、管道井、楼梯间、垃圾道、变电室、设备间、公共门厅、过道、地下室、值班警卫室等，以及为整幢服务的公共用房和管理用房的建筑面积，以水平投影面积计算；套与公共建筑之间的分隔墙，以及外墙（包括山墙）水平投影面积一半的建筑面积。

不计入共有建筑面积的内容有：独立使用的地下室、车棚、车库；作为人防工程的地下室、避难室（层）；用作公共休憩、绿化等场所的架空层；为建筑造型而建，但无实用功能的建筑面积。

建在幢内或幢外与本幢相连，为多幢服务的设备、管理用房，以及建在幢外与本幢不相连，为本幢或多幢服务的设备、管理用房均作为不应分摊的共有建筑面积。

整幢房屋的建筑面积扣除整幢房屋各套套内建筑面积之和，并扣除已作为独立使用的地下室、车棚、车库、为多幢服务的警卫室、管理用房，以及人防工程等建筑面积，即为整幢房屋的共有建筑面积。

③共有建筑面积分摊的原则

产权各方有合法产权分割文件或协议的，按其文件或协议规定进行分摊。无产权分割文件或协议的，根据房屋共有建筑面积的不同使用功能，按相关房屋的建筑面积比例进行分摊。

④共有建筑面积分摊的计算公式

共有共用面积按比例分摊的计算公式按相关建筑面积进行共有或共用面积分摊，按下式计算：

$$\delta S_i = K \cdot S_i \sum \delta S_i \quad K = \sum S_i$$

式中：

K——为面积的分摊系数；

S_i——为各单元参加分摊的建筑面积，m^2；

δS_i——为各单元参加分摊所得的分摊面积，m^2；

$\sum \delta S_i$——为需要分摊的分摊面积总和，m^2；

$\sum S_i$——为参加分摊的各单元建筑面积总和，m^2；

（7）共有建筑面积分摊的方法

将房屋分为单一住宅功能的住宅楼，商业与住宅两种功能的商住楼，商业、办公等多种功能的综合楼三种类型，分别说明其共有建筑面积分摊的方法如下：

①住宅楼：以幢为单位，按各套内建筑面积比例分摊共有建筑面积。

②商住楼：以幢为单位，首先根据住宅和商业的不同使用功能，将应分摊的共有建筑面积分为住宅专用的共有建筑面积（住宅功能共有建筑面积），商业专用的共有建筑面积（商业功能共有建筑面积），住宅与商业共同使用的共有建筑面积（幢共有建筑面积）。住宅专用的共有建筑面积直接作为住宅部分的共有建筑面积；商业专用的共有建筑面积直接作为商业部分的共有建筑面积；住宅与商业共同使用的共有建筑面积，按住宅与商业的建筑面积比例分别分摊给住宅和商业。然后将住宅部分的共有建筑面积（住宅专用的面积加上按比例分摊的面积）按住宅各套内建筑面积比例进行分摊；将商业部分的共有建筑面积（商业专用的面积加上按比例分摊的面积），按商业各层套内建筑面积比例分摊至商业各层，作为商业各层共有建筑面积的一部分，加上商业相应各层本身的共有建筑面积，得到商业各层总的共有建筑面积，再将该各层总的共有建筑面积按相应层内各套内建筑面积比例进行分摊。

③综合楼：多功能综合楼共有建筑面积按各自的功能，参照上述商住楼分摊的方法进行分摊。

2. 建筑布局

房屋的建筑布局是卧室、客厅、卫生间、厨房等功能区域的数量及相对位置。

住宅的户型按平面组织可分为：独幢公寓、二室一厅、二室二厅、三室一厅、三室二厅、四室二厅等。按剖面变化可分为：复式，跃层式，错层式等。

查验的时候要注意是否与自己购房合同的规定相符，位置、大小、规格是否正确。

3. 开间和进深

住宅的开间即住宅的宽度，是指一间房屋内一面墙的定位轴线到另一面墙的定位轴线之间的实际距离，住宅的开间一般在 3m 至 3.9m 之间。如开间尺度较小，会缩短楼板的空间跨度，住宅结构的整体性、稳定性和抗震性都将得到增强；但同时，承重墙、柱的结构面积相对较大，减少了有效使用面积，也不适应家庭居住行为变化的要求。

住宅的进深即住宅的实际长度，是指一间独立的房屋或一幢居住建筑从前墙壁到后墙壁之间的实际长度。进深大可以有效地节约用地，但是，为了保证住宅有良好的自然采光和通风，住宅的进深不宜过大，一般限定在 5m 左右。

4. 层高与净高

住宅的层高，是指下层地板面或楼板面到上层楼层面的距离，也就是一层房屋的高度。

住宅的净高，下层地板面或楼板上表面到上层楼板下表面之间的距离，净高和层高的关系可以用公式来表示：净高＝层高－楼板厚度，即层高和楼板厚度的差叫净高。

房屋的开间、进深和层高，就是住宅的宽度、长度和高度，这三大指标是确定住宅价格的重要因素，如果这三大因素的尺寸越大，建筑工艺相对就越复杂，建造的难度就越大，同时所消耗的建材就越大，导致建造的成本也会越高。房屋层数是指房屋的自然层数，一般按室内地坪 ±0.00 以上计算；采光窗在室外地坪以上的半地下室，其室内层高在 2.20m 以上（含 2.20m）的，计算自然层数。假层、附层（夹层）、插层、阁楼（暗楼）、装饰性塔楼，以及突出屋面的楼梯间、水箱间不计层数。房屋总层数为房屋地上层数与地下层数之和。

5. 外观与高度

建筑外观就是建筑物的外在形象。建筑总高度指室外地坪至檐口顶部的总高度。

房屋的地上层数与地下层数之和。假层、夹层、阁楼、装饰性塔楼，以及突出屋面的楼梯间、水箱间不计层数。房屋所在层数系指房屋的层次，采光窗在室外地坪以上的层数用自然数表示，地下的层数用负数表示；房屋层高在 2.20m（含）以上的计算层数。

建筑高度是指建筑物室外地面到其檐口或屋面面层的高度。屋顶上的水箱间、电梯机房、排烟机房和楼梯出口小间等不计入建筑高度。

住宅按照层数，分为低层住宅、多层住宅、中高层住宅和高层住宅。其中，1～3 层的住宅为低层住宅，4～6 层的住宅为多层住宅，7～9 层的住宅为中高层住宅，10 层及以上的住宅为高层住宅。

公共建筑及综合性建筑，总高度超过 24m 的为高层，但不包括总高度超过 24m 的单层建筑。

建筑总高度超过 100m 的，不论是住宅还是公共建筑、综合性建筑，均称为超高层建筑。

3.2 权属状况

房屋的权属状况跟交易情况有关，房屋交易的实质是房屋产权的交易，因此产权清晰是成交的前提条件。在现实生活中，有几类房屋权属问题容易被忽略。

1. 有房屋未必就有产权

单位自建的房屋，农村宅基地上建造的房屋，社区或项目配套用房，未经规划或报建批准的房屋等，都有可能不是完全产权，容易导致成交困难。所以，确认好房屋的权属，是验房的前提条件。

2. 有房地产证未必就有产权

房地产证遗失补办后发生过转让的情形，原房地产证显然没有产权；有房地产证而遭遇查封甚至强制拍卖的情形，原房地产证也就没有了产权；当然还有伪造房地产证的情形。

3. 产权是否登记

预售商品房未登记、抵押商品房未登记是比较常见的情形，仅凭购买合同或抵押合同是不能完全界定产权状态的。

4. 产权是否完整

已抵押的房屋未解除抵押前，业主不得擅自处置；公房上市也需要补交地价或其他款项，符合已购公有住房上市出售条件，才能出售。

5. 产权有无纠纷

在拍卖市场竞得的房屋可能存在纠纷，这是因为债务人有意逃避债务导致的；而涉及婚姻或财产继承的情况也会让产权转移变得复杂；租赁业务中比较多的情形是，依法确定为拆迁范围内的房屋后，产权人将房屋出租。

同时，《城市房地产管理法》及《城市房地产转让管理规定》都明确规定了房地产转让应当符合的条件，采取排除法规定了下列房地产不得转让：

（1）达不到下列条件的房地产不得转让：以出让方式取得土地使用权用于投资开发的，按照土地使用权出让合同约定进行投资开发，属于房屋建设工程的，应完成开发投资总额的 25% 以上；属于成片开发的，形成工业用地或者其他建设用地条件。同时规定应按照出让合同约定已经支付全部土地使用权出让金，并取得土地使用权证书。做出此项规定的目的，就是严格限制炒卖地皮牟取暴利，并切实保障建设项目的实施。

（2）司法机关和行政机关依法裁定、决定查封或以其他形式限制房地产权利的。司法机关和行政机关可以根据合法请求人的申请或社会公共利益的需要，依法裁定、决定查封、决定限制房地产权利，如查封、限制转移等。在权利受到限制期间，房地产权利人不得转让该项房地产。

（3）依法收回土地使用权的。根据国家利益或社会公共利益的需要，国家有权决定收回出让或划拨给他人使用的土地，任何单位和个人应当服从国家的决定，在国家依法做出收回土地使用权决定之后，原土地使用权人不得再行转让土地使用权。

（4）共有房地产，未经其他共有人书面同意的。共有房地产，是指房屋的所有权、国有土地使用权为两个或两个以上权利人所共同拥有。共有房地产权利的行使需经全体共有人同意，不能因部分权利人的请求而转让。

（5）权属有争议的。权属有争议的房地产，是指有关当事人对房屋所有权和土地使用权的归属发生争议，致使该项房地产权属难以确定。转让该类房地产，可能影响交易的合法性，因此在权属争议解决之前，该项房地产不得转让。

（6）未依法登记领取权属证书的。产权登记是国家依法确认房地产权属的法定手续，未履行该项法律手续，房地产权利人的权利不具有法律效力，因此也不得转让该项房地产。

（7）法律和行政法规规定禁止转让的其他情形。法律、行政法规规定禁止转让的其他情形，是指上述情形之外，其他法律、行政法规规定禁止转让的其他情形。

《城市房地产管理法》规定："商品房预售的，商品房预购人将购买的未竣工的预售商品房现行转让的问题，由国务院规定。"为抑制投机性购房，2005 年 5 月 9 日，国务院决定，禁止商品房预购人将购买的未竣工的预售商品房再行转让。

3.3 完损状况

为了统一评定各类房屋的完损等级标准，科学地制定房屋维修计划，我国原城乡建设环境保护部（现住房和城乡建设部）在 1985 年曾颁布过《房屋完损等级评定标准（试行）》，时至今日，一直用于评定我国房屋的基本性状和质量等级。在这个《标准》中，将房屋性状按照质量好坏程度分为"完好房、基本完好房、一般损坏房、严重损坏房和危险房"五类，适用于对房屋进行鉴定、管理时，其完损等级的评定。

在标准中，将房屋结构分为 4 类，分别是钢筋混凝土结构（承重的主要结构是用钢筋混凝土建造的）、混合结构（承重的主要结构是用钢筋混凝土和砖木建造的）、砖木结构（承重的主要结构是用砖木建造的）和其他结构（承重的主要结构是用竹木、砖石、土建造的简易房屋）。将各类房屋的结构组成分为基础、承重构件、非承重墙、屋面、楼地面这 5 类；将装修组成分为门窗、外抹灰、内抹灰顶棚、细木装修这 4 类；将设备组成分为水卫、电照、暖气及特种设备（如消火栓、避雷装置等）这 4 类，总共 13 类。

1. 完好房屋

新房验收合格。

二手房：完好房屋是指主体结构完好，屋面不渗漏，装修基本完整，门窗设备完整，上下水道通畅，室内地面平整，能保证居住安全和正常使用的房屋。

（1）结构部分

①地基基础：有足够承载能力，无超过允许范围的不均匀沉降。

②承重构件：梁、柱、墙、板、屋架平直牢固，无倾斜变形、裂缝、松动、腐朽、蛀蚀。

③非承重墙：预制墙板节点安装牢固，拼缝处不渗漏；砖墙平直完好，无风化破损；石墙无风化弓凸；木、竹、芦帘、苇箔等墙体完整无破损。

④屋面：不渗漏（其他结构房屋以下漏雨为标准），基层平整完好，积尘甚少，排水畅通。

⑤平屋面防水层、隔热层、保温层完好；平瓦屋面瓦片搭接紧密，无缺角、裂缝瓦（合理安排利用除外），瓦出线完好；青瓦屋面瓦垄顺直，搭接均匀，瓦头整齐，无碎瓦，节筒俯瓦灰梗牢固；铁皮屋面安装牢固，铁皮完好，无锈蚀；石灰炉渣、青灰屋面光滑平整，油毡屋面牢固无破洞。

⑥楼地面：整体面层平整完好，无空鼓、裂缝、起砂；木楼地面平整坚固，无腐朽、下沉、无较多磨损和稀缝；砖、混凝土块料面层平整，无碎裂；灰土地面平整完好。

（2）装修部分

①门窗：完整无损，开关灵活，玻璃、五金齐全，纱窗完整，油漆完好（允许有个别钢门、窗轻度锈蚀，其他结构房屋无油漆要求）。

②外抹灰：完整牢固，无空鼓、剥落、破损和裂缝（风裂除外），勾缝砂浆密实。其他结构房屋以完整无破损为标准。

③内抹灰：完整、牢固，无破损、空鼓和裂缝（风裂除外）；其他结构房屋以完整无破损为标准。

④顶棚：完整牢固，无破损、变形、腐朽和下垂脱落，油漆完好。

⑤细木装修：完整牢固，油漆完好。

（3）设备部分

①水卫：上、下水管道畅通，各种卫生器具完好，零件齐全无损。

②电照：电器设备、线路、各种照明装置完好牢固，绝缘良好。

③暖气：设备、管道、烟道畅通、完好，无堵、冒、漏，使用正常。

④特种设备：现状良好，使用正常。

2. 基本完好房屋

基本完好房屋是指主体结构完好；非承重少数部件虽然有损坏，经过维修能修复；装修部分及设备部分少数残缺、松动、损坏，经过维修能够正常使用。

（1）结构部分

①地基基础：有承载能力，稍有超过允许范围的不均匀沉降，但已稳定。

②承重构件：有少量损坏，基本牢固。钢筋混凝土个别构件有轻微变形、细小裂缝，混凝土有轻度剥落、露筋；钢屋架平直不变形，各节点焊接完好，表面稍有锈蚀，钢筋混凝土屋架无混凝土剥落，节点牢固完好，钢杆件表面稍有锈蚀，木屋架的各部件，节点连接基本完好，稍有隙缝，铁件齐全，有少量生锈；承重砖墙（柱）、砌块有少量细裂缝；木构件稍有变形、裂缝、倾斜，个别节点和支撑稍有松动，铁件稍有锈蚀；竹结构节点基本牢固，轻度蛀蚀，铁件稍锈蚀。

③非承重墙：有少量损坏，但基本牢固。预制墙板稍有裂缝、渗水、嵌缝不密实，间隔墙面层稍有破损；外砖墙面稍有风化，砖墙体轻度裂缝，勒脚有侵蚀；石墙稍有裂缝、弓凸；木、竹、芦帘，苇箔等墙体基本完整，稍有破损。

④屋面：局部渗漏，积尘较多，排水基本畅通。平屋面隔热层、保温层稍有损坏，卷材防水层稍有空鼓、翘边和封口不严，刚性防水层稍有龟裂，块体防水层稍有脱壳；平瓦屋面少量瓦片裂碎、缺角、风化、瓦出线稍有裂缝；青瓦屋面瓦垄少量不直，少量瓦片破碎，节筒俯瓦有松动，灰梗有裂缝，屋脊抹灰有裂缝；铁皮屋面少量咬口或嵌缝不严实，部分铁皮生锈，油漆脱皮；石灰炉渣、青灰屋面稍有裂缝，油毡屋面少量破洞。

⑤楼地面：整体面层稍有裂缝、空鼓、起砂；木楼地面稍有磨损和稀缝，轻度颤动；

砖、混凝土块料面层磨损起砂，稍有裂缝、空鼓；灰土地面有磨损、裂缝。

（2）装修部分

①门窗：少量变形、开关不灵，玻璃、五金、纱窗少量残缺，油漆失光。

②外抹灰：稍有空鼓、裂缝、风化、剥落，勾缝砂浆水量酥松脱落。

③内抹灰：稍有空鼓、裂缝、剥落。

④顶棚：无明显变形、下垂，抹灰层稍有裂缝，面层稍有脱钉、翘角、松动，压条有脱落。

⑤细木装修：稍有松动、残缺，油漆基本完好。

（3）设备部分

①水卫：上、下水管道基本畅通，卫生器具基本完好，个别零件残缺损坏。

②电照：电气设备、线路、照明装置基本完好，个别零件损坏。

③暖气：设备、管道、烟道基本畅通，稍有锈蚀，个别零件损坏，基本能正常使用。

④特种设备：现状基本良好，能正常使用。

3. 一般损坏房屋

一般损坏房屋是指主体结构基本完好，少数构件有损坏，经过维修能修复；屋面出现漏雨，门窗有的腐朽变形，下水道经常阻塞，内粉刷部分脱落，地板松动，墙体非结构性、开裂，需要进行正常修理的房屋。

（1）结构部分

①地基基础：局部承载能力不足，有超过允许范围的不均匀沉降，对上部结构稍有影响。

②承重构件：有较多损坏，强度已有所减弱。钢筋混凝土构件有局部变形、裂缝，混凝土剥落露筋锈蚀、变形、裂缝值稍超过设计规范的规定，混凝土剥落面积占全部面积的10%以内，露筋锈蚀；钢屋架有轻微倾斜或变形，少数支撑部件损坏，锈蚀严重，钢筋混凝土屋架有剥落，露筋、钢杆有锈蚀；木屋架有局部腐朽、蛀蚀，个别节点连接松动，木质有裂缝、变形、倾斜等损坏，铁件锈蚀；承重墙体（柱）、砌块有部分裂缝、倾斜、弓凸、风化、腐蚀和灰缝酥松等损坏；木构件局部有倾斜、下垂、侧向变形，腐朽、裂缝、少数节点松动、脱榫，铁件锈蚀；竹构件个别节点松动，竹材有部分开裂、蛀蚀、腐朽、局部构件变形。

③非承重墙：有较多损坏，强度减弱。预制墙板的边、角有裂缝，拼缝处嵌缝料部分脱落，有渗水，间隔墙层局部损坏；砖墙有裂缝、弓凸、倾斜、风化、腐朽，灰缝有酥松，勒脚有部分侵蚀剥落；石墙部分开裂、弓凸、风化、砂浆酥松，个别石块脱落；木、竹、芦帘墙体部分严重破损，土墙稍有倾斜，硝碱。

④屋面：局部漏雨，木基层局部腐朽、变形、损坏，钢筋混凝土屋板局部下滑，屋面高低不平，排水设施锈蚀、断裂。平屋面保温层、隔热层较多损坏，卷材防水层部分有空鼓、翘边和封口脱开，刚性防水层部分有裂缝、起壳，块体防水层部分有松动、风

化、腐蚀；平瓦屋面部分瓦片有破碎、风化，瓦出线严重裂缝、起壳，脊瓦局部松动、破损；青瓦屋面部分瓦片风化、破碎、翘角，瓦垄不顺直，节筒俯瓦破碎残缺，灰梗部分脱落，屋脊抹灰有脱落，瓦片松动；铁皮屋面部分咬口或嵌缝不严实，铁皮严重锈烂；石灰炉渣、青灰屋面，局部风化脱壳、剥落，油毡屋面有破洞。

⑤楼地面：整体面层部分裂缝、空鼓、剥落，严重起砂；木楼地面部分有磨损、蛀蚀、翘裂、松动、稀缝，局部变形下沉，有颤动；砖、混凝土块料面层磨损，部分破损、裂缝、脱落，高低不平；灰土地面坑洼不平。

（2）装修部分

①门窗：木门窗部分翘裂，榫头松动，木质腐朽，开关不灵；钢门、窗部分铁胀变形、锈蚀，玻璃、五金、纱窗部分残缺；油漆老化翘皮、剥落。

②外抹灰：部分有空鼓、裂缝、风化、剥落，勾缝砂浆部分松酥脱落。

③内抹灰：部分空鼓、裂缝、剥落。

④顶棚：有明显变形、下垂，抹灰层局部有裂缝，面层局部有脱钉、翘角、松动，部分压条脱落。

⑤细木装修：木质部分腐朽、蛀蚀、破裂；油漆老化。

（3）设备部分

①水卫：上、下水道不够畅通，管道有积垢、锈蚀，个别滴、漏、冒；卫生器具零件部分损坏、残缺。

②电照：设备陈旧，电线部分老化，绝缘性能差，少量照明装置有损坏、残缺。

③暖气：部分设备、管道锈蚀严重，零件损坏，有滴、冒、跑现象，供气不正常。

④特种设备：不能正常使用。

4. 严重损坏房屋

严重损坏房屋是指年久失修，一些构件破坏严重，但无倒塌危险，需进行大修或有计划翻修、改建的房屋。

（1）结构部分

①地基基础：承载能力不足，有明显不均匀沉降或明显滑动、压碎、折断、冻酥、腐蚀等损坏，并且仍在继续发展，对上部结构有明显影响。

②承重构件：明显损坏，强度不足。钢筋混凝土构件有明显下垂变形、裂缝，混凝土剥落和露筋锈蚀严重，下垂变形、裂缝值超过设计规范的规定，混凝土剥落面积占全面积的 10% 以上；钢屋架明显倾斜或变形，部分支撑弯曲松脱，锈蚀严重，钢筋混凝土屋架有倾斜，混凝土严重腐蚀剥落、露筋锈蚀，部分支撑损坏，连接件不齐全，钢杆锈蚀严重；木屋架端节点腐朽、蛀蚀，节点连接松动，夹板有裂缝，屋架有明显下垂或倾斜，铁件严重锈蚀，支撑松动。承重墙体（柱）、砌块强度和稳定性严重不足，有严重裂缝、倾斜、弓凸、风化、腐蚀和灰缝严重酥松损坏；木构件严重倾斜、下垂、侧向变形、

腐朽、蛀蚀、裂缝，木质脆枯，节点松动，榫头折断拔出、榫眼压裂，铁件严重锈蚀和部分残缺；竹构件节点松动、变形，竹材弯曲断裂、腐朽，整个房屋倾斜变形。

③非承重墙：有严重损坏，强度不足。预制墙板严重裂缝、变形，节点锈蚀，拼缝嵌料脱落，严重漏水，间隔墙立筋松动、断裂，面层严重破损；砖墙有严重裂缝、弓凸、倾斜、风化、腐蚀，灰缝酥松；石墙严重开裂、下沉、弓凸、断裂，砂浆酥松，石块脱落；木、竹、芦帘、苇箔等墙体严重破损，土墙倾斜、硝碱。

④屋面：严重漏雨。木基层腐烂、蛀蚀、变形损坏，屋面高低不平，排水设施严重锈蚀、断裂、残缺不全。平屋面保温层、隔热层严重损坏，卷材防水层普遍老化、断裂、翘边和封口脱开，沥青流淌，刚性防水层严重开裂、起壳、脱落，块体防水层严重松动、腐蚀、破损；平瓦屋面瓦片零乱不落槽，严重破碎、风化，瓦出线破损、脱落，脊瓦严重松动破损；青瓦屋面瓦片零乱，风化、碎瓦多、瓦垄不直、脱脚，节筒俯瓦严重脱落残缺，灰梗脱落，屋脊严重损坏，铁皮屋面严重锈烂，变形下垂；石灰炉渣、青灰屋面大部冻鼓、裂缝、脱壳、剥落，油毡屋面严重老化，大部损坏；

⑤楼地面：整体面层严重起砂、剥落、裂缝、沉陷、空鼓；木楼地面有严重磨损、蛀蚀、翘裂、松动、稀缝、变形下沉、颤动；砖、混凝土块料面层严重脱落、下沉、高低不平、破碎、残缺不全；灰土地面严重坑洼不平。

（2）装修部分

①门窗：木质腐朽，开关普遍不灵，榫头松动、翘裂，钢门、窗严重变形锈蚀，玻璃、五金、纱窗残缺，油漆剥落见底。

②外抹灰：严重空鼓、裂缝、剥落，墙面渗水，勾缝砂浆严重松酥脱落。

③内抹灰：严重空鼓、裂缝、剥落。

④顶棚：严重变形不垂，木筋弯曲翘裂、腐朽、蛀蚀，面层严重破损，压条脱落，油漆见底。

⑤细木装修：木质腐朽、蛀蚀、破裂，油漆老化见底。

（3）设备部分

①水卫：下水道严重堵塞、锈蚀、漏水；卫生器具零件严重损坏、残缺。

②电照：设备陈旧残缺，电线普遍老化、零乱，照明装置残缺不齐，绝缘不符合安全用电要求。

③暖气：设备、管道锈蚀严重，零件损坏、残缺不齐，跑、冒、滴现象严重，基本上已无法使用。

④特种设备：严重损坏，已无法使用。

5. 危险房屋

危险房屋是指结构已严重损坏或承重构件已属危险构件，随时有可能丧失结构稳定和承载能力，不能保证居住和使用安全的房屋。

另外，还有有关房屋新旧程度（成新率）的判定标准，即十、九、八成新的属于完好房屋；七、六成新的属于基本完好房屋；五、四成新的属于一般损坏房屋；三成以下新的属于严重损坏房屋及危险房屋。

3.4　折旧状况

房屋折旧是由于物理因素、功能因素或经济因素所造成的物业价值损耗。房屋折旧是逐步回收房屋投资的形式，即房屋的折旧费。折旧费是指房屋建造价值的平均损耗。房屋在长期的使用中，虽然保留原有的实物形态，但由于自然损耗和人为的损耗，它的价值也会逐渐减少。这部分因损耗而减少的价值，以货币形态来表现，就是折旧费。确定折旧费的依据是建筑造价、残值、清理费用和折旧年限。

一般来说，房屋折旧包括三种类型，即物质折旧、功能折旧和经济折旧。

1. 物质折旧

物质折旧又称物质磨损、有形损耗，是建筑物在实体方面的损耗所造成的价值损失。进一步可以归纳为四个方面：

第一，自然经过的老朽。自然经过的老朽主要是由于自然力的作用引起的，如风吹、日晒、雨淋等引起的建筑物腐朽、生锈、老化、风化、基础沉降等，与建筑物的实际经过年数（是建筑物从建成之日到估价时点时的日历年数）正相关，同时要看建筑物所在地区的气候和环境条件，如酸雨多的地区，建筑物的损耗就大。

第二，正常使用的磨损。正常使用的磨损主要是由于人工使用引起的，与建筑物的使用性质、使用强度和使用年数正相关。如居住用途的建筑物的磨损要低于工业用途的建筑物的磨损。工业用途的建筑物又可分为有腐蚀性的和无腐蚀性的，有腐蚀性（如在使用过程中产生对建筑物有腐蚀作用的废气、废液）的建筑物的磨损要高于无腐蚀性的建筑物的磨损。

第三，意外的破坏损毁。意外的破坏损毁主要是因突发性的天灾引起的，包括自然方面的：如地震、水灾、风灾；人为方面的：如失火、碰撞等意外的破坏损毁。

第四，延迟维修的损坏残存。延迟维修的损坏残存主要是由于没有适时地采取预防、保养措施或修理不够及时，造成不应有的损坏或提前损坏，或已有的损坏仍然存在，如门窗有破损，墙或地面有裂缝或洞等。

2. 功能折旧

功能折旧又称精神磨损、无形损耗，是指建筑物成本效用的相对损失所引起的价值损失，它包括由于消费观念变更、设计更新、技术进步等原因导致建筑物在功能方面的相对残缺、落后或不适用所造成的价值损失；也包括建筑物功能过度充足所造成的失效成本。如建筑式样过时，内部布局过时，设备陈旧落后，缺乏现在人们认为的必要设施、设备等。拿住宅来说，现在时兴"三大、一小、一多"式住宅，即客厅、厨房、卫生间大，卧室小，壁橱多的住宅，过去建造的卧室大、客厅小、厨房小、卫生间小的住宅，相对而言就过时了。再如高档办公楼，现在要求智能化，如果某个办公楼没有智能化或智能化程度不够，相对而言也落后了。

3. 经济折旧

经济折旧又称外部性折旧，是指建筑物本身以外的各种不利因素所造成的价值损失，包括供给过量、需求不足、自然环境恶化、环境污染、交通拥挤、城市规划改变、政府政策变化等。例如，一个高级居住区附近建设了一座工厂，该居住区的房地产价值下降，这就是一种经济折旧。这种经济折旧一般是不可恢复的。再如，在经济不景气时期以及高税率、高失业率等，房地产的价值降低，这也是一种经济折旧。但这种现象不会永久下去，当经济复苏后，这方面的折旧也就消失了。

4 建筑材料

建筑材料是建造和装饰建筑物所用的各种材料的统称。建筑材料是建筑工程的物质基础，建筑物从主体结构到每一个细部构件，无一不是由各种建筑材料经一定的设计和施工组建而成。因此，建筑材料的质量、外观等，直接影响到建筑物的质量、耐久性、档次、艺术性和造价。

建筑材料的种类繁多，可对其作多种分类。如根据建筑材料的来源不同，可分为天然材料和人造材料。常见的分类还有按化学成分来划分和按使用功能来划分。

按化学成分，建筑材料可分为无机材料和有机材料。其中，无机材料包括金属材料和非金属材料。金属材料包括黑色金属材料（如钢、铁等）和有色金属材料（如铝、铜、合金等）非金属材料包括天然石材（如大理石、花岗石）、陶瓷和玻璃（如砖、瓦、卫生陶瓷、玻璃）、无机胶凝材料（如石灰、石膏、水玻璃）和砂浆与混凝土。有机材料主要指木材、沥青、塑料、涂料和油漆。复合材料主要指金属与非金属复合（如钢筋混凝土、钢纤维混凝土）。还有有机与无机复合材料（如玻璃钢、沥青混凝土、聚合物混凝土等）。

按用途建筑材料可以分为结构材料、防水材料、饰面材料、吸音材料、绝热材料和卫生工程材料。其中结构材料主要有砖、石材、砌块、钢材、混凝土；防水材料主要有沥青、塑料、橡胶、金属、聚乙烯胶泥；饰面材料主要有墙面砖、石材、彩钢板、彩色混凝土；吸音材料主要有多孔石膏板、塑料吸音板、膨胀珍珠岩；绝热材料主要有塑料、橡胶、泡沫混凝土；卫生工程材料主要有金属管道、塑料、陶瓷。

建筑物是由各种建筑材料建造而成的，为了建筑物的安全、适用、经济、美观，要求不同部位的建筑材料发挥不同的作用，具有相应的性质。例如，作为结构物的材料要承受各种外力的作用，因此应具有所需的力学性质；屋面防水材料、地下防潮材料应具有良好的耐水性和抗渗性；内墙材料应具有保温、隔热和吸声、隔声的性能；外墙和屋面材料应能经受长期风吹、日晒、雨淋、冰冻的破坏作用；在受酸、碱、盐类物质腐蚀的部位，材料还应具有较高的化学稳定性等。建筑材料的性质有物理性质、力学性质、耐久性等。

1. 建筑材料的物理性质

建筑材料的物理性质可分为与质量有关的性质、与水有关的性质和与温度有关的性质。

密度。材料的密度是指材料在绝对密实状态下单位体积的质量，即材料的质量与材料在绝对密实状态下的体积之比。材料在绝对密实状态下的体积是指不包括材料内部孔隙的体积，即材料在自然状态下的体积减去材料内部孔隙的体积。

表观密度。材料的表观密度是指材料在自然状态下单位体积的质量，即材料的质量与材料在自然状态下的体积之比。计算表观密度时，如果只包括材料内部孔隙而不包括孔隙内的水分，则称为干表观密度；如果既包括材料内部孔隙又包括孔隙内的水分，则称为湿表观密度。

密实度。材料的密实度是指材料在绝对密实状态下的体积与在自然状态下的体积之比。凡是内部有孔隙的材料，其密实度都小于1。材料的密实度反映固体材料中固体物质的充实程度，密实度的大小与其强度、耐水性和导热性等很多性质有关。密实度又等于密度与表观密度之比。材料的密度与表观密度越接近，材料就越密实。

孔隙率。材料的孔隙率是指材料内部孔隙的体积占材料在自然状态下的体积的比例。材料的孔隙率和密实度是从两个不同的角度来说明材料的同一性质。材料内部孔隙的构造可分为开口孔隙（与外界相通）和封闭孔隙（与外界隔绝）。材料的许多重要性质与其孔隙率大小和内部孔隙构造有密切关系。

吸水性。材料的吸水性是指材料在水中吸收水分的性质，可用材料的吸水率来反映。材料的吸水率与其孔隙率正相关。

吸湿性。材料的吸湿性是指材料在潮湿的空气中吸收水蒸气的性质，可用材料的含水率来反映。材料可从湿润的空气中吸收水分，也可向干燥的空气中扩散水分，最终使自身的含水率与周围空气湿度持平。

耐水性。材料的耐水性是指材料在饱和水作用下强度不显著降低的性质。

抗渗性。材料的抗渗性是指材料的不透水性，或材料抵抗压力水渗透的性质。

抗冻性。材料的抗冻性是指材料在多次冻融循环作用下不破坏，强度也不显著降低的性质。

导热性。材料的导热性是指热量由材料的一面传至另一面的性质。

热容量。材料的热容量是指材料受热时吸收热量，冷却时释放热量的性质。

2. 建筑材料的力学性质

建筑材料的力学性质是指建筑材料在各种外力作用下抵抗破坏或变形的性质，包括强度、弹性、塑性、脆性、韧性、硬度和耐磨性。

强度。材料的强度是指材料在外力作用下抵抗破坏的能力。材料在建筑物上所受的外力主要有拉力、压力、弯曲及剪力。材料抵抗这些外力破坏的能力分别称为抗拉、抗压、抗弯和抗剪强度。

弹性与塑性。材料的弹性是指材料在外力作用下产生变形，外力去掉后变形能完全消失的性质。材料的这种可恢复的变形，称为弹性变形。材料的塑性是指材料在外力作用下产生变形，外力去掉后变形不能完全恢复，但也不即行破坏的性质。材料的这种不可恢复的残留变形，称为塑性变形。

脆性与韧性。材料的脆性是指材料在外力作用下未发生显著变形就突然破坏的性质。脆性材料的抗压强度远大于其抗拉强度，所以脆性材料只适用于受压构件。建筑材料中大部分无机非金属材料为脆性材料，如天然石材、陶瓷、砖、玻璃、普通混凝土等。材料的韧性是指材料在冲击或振动荷载作用下产生较大变形尚不致破坏的性质，如钢材、木材等。

硬度和耐磨性。材料的硬度是指材料表面抵抗硬物压入或刻划的能力。材料的耐磨性是指材料表面抵抗磨损的能力。材料的耐磨性与材料的组成成分、结构、强度、硬度等有关。材料的硬度愈大，耐磨性愈好。

3. 建筑材料的耐久性

材料的耐久性是指材料在使用过程中经受各种常规破坏因素的作用而能保持其原有性能的能力。材料被用于建筑物后，要长期受到来自使用方面的破坏因素及来自环境方面的破坏因素的作用。如在使用中，摩擦、载荷、废气、废液等破坏因素的作用；在环境中，阳光紫外线照射、空气和雨水侵蚀、气温变化、干湿交换、冻融循环、虫菌寄生等破坏因素的作用。这些破坏因素的作用又可归结为机械作用、物理作用、化学作用和生物作用。它们或单独，或交互，或同时综合地作用于材料，使材料逐渐变质、损毁而失去使用功能。

不同材料的耐久性不同，影响其耐久性的因素也不同，如钢材易氧化锈蚀，木材易虫蛀腐烂，塑料易老化变形，石材易风化，涂料易褪色、脱落。采用耐久性好的材料有时虽然会增加成本、提高价格，但因材料的使用寿命长，建筑物的使用寿命也相应延长，且会降低使用过程中的维修保养费用，最终会提高综合经济效益。

4.1 主要建筑材料

在民用建筑中，有许多常用的建筑材料，比如说钢材、混凝土等，这些材料的性状和质量状况，决定着整个建筑物的性状和质量状况，因此，也是验房师需要了解的内容之一。

1. 常用非金属建筑材料

常用的建筑材料包括水泥、混凝土、木材、石材和烧土制品。

（1）水泥

水泥是一种粉状水硬性无机胶凝材料。加水搅拌后成浆体，能在空气中硬化或者在水中更好的硬化，并能把砂、石等材料牢固地胶结在一起。水泥是重要的建筑材料，用水泥制成的砂浆或混凝土，坚固耐久，广泛应用于土木建筑、水利、国防等工程。

水泥按用途及性能一般分为通用水泥、专用水泥和特性水泥。其中通用水泥指一般土木建筑工程通常采用的水泥，包括 GB175—2007 规定的六大类水泥，即硅酸盐水泥、普通硅酸盐水泥、矿渣硅酸盐水泥、火山灰质硅酸盐水泥、粉煤灰硅酸盐水泥和复合硅酸盐水泥。专用水泥指专门用途的水泥，如 G 级油井水泥，道路硅酸盐水泥。特性水泥指某种性能比较突出的水泥，如快硬硅酸盐水泥、低热矿渣硅酸盐水泥、膨胀硫铝酸盐水泥。

衡量水泥性能及质量的指标主要有：

①比重与重度：普通水泥比重为 3.1，重度通常采用 1300kg/m³。

②细度：指水泥颗粒的粗细程度。颗粒越细，硬化得越快，早期强度也越高。

③凝结时间：水泥加水搅拌到开始凝结所需的时间称初凝时间。从加水搅拌到凝结完成所需的时间称终凝时间。硅酸盐水泥初凝时间不早于 45 分钟，终凝时间不迟于 6.5 小时。实际上初凝时间在 1～3 小时，而终凝为 4～6 小时。水泥凝结时间的测定由专门凝结时间测定仪进行。

④强度：水泥强度应符合国家标准。

⑤体积安定性：指水泥在硬化过程中体积变化的均匀性能。水泥中含杂质较多，会产生不均匀变形。

⑥水化热：水泥与水作用会产生放热反应，在水泥硬化过程中，不断放出的热量称为水化热。

⑦标准稠度：指水泥净浆对标准试杆的沉入具有一定阻力时的稠度。

（2）混凝土

"混凝土"一词源自拉丁文术语"Concretus"，是共同生长的意思。从广义上讲，由胶结材料、骨料和水（或不加水）按适当比例配合；拌合制成具有一定可塑性的混合物，经一定时间后硬化而成的人造石材称为混凝土。其中的胶结材料可以是水泥、石灰和石膏等无机胶凝材料，也可以是沥青，树脂等有机胶凝材料，古代还有用糯米汁、动物血等生物材料做胶凝材料。工程中最常用的混凝土是由水泥、水和砂、石（粗、细骨料）为基本材料组成的水泥混凝土。其中水泥是胶凝材料，与水拌合后形成水泥浆，具有胶结作用，砂、石分别称为粗、细骨料，刚刚拌合、未硬化之前的物料称为混凝土拌合物或新拌混凝土，硬化之后称为混凝土。

混凝土按照表观密度，可分为重混凝土、普通混凝土和轻混凝土。重混凝土表观密度超过 2600kg/m³，主要用于防辐射混凝土，例如核能工程的屏蔽结构、核废料容器等工程。普通混凝土是指表观密度在 2100～2500kg/m³ 范围内的混凝土，是土木、建筑工程中使用最为普遍的混凝土，大量用做各种建筑物、结构物的承重材料。轻混凝土是指表观密度小于 1900kg/m³ 的混凝土，采用轻骨料或多孔结构，具有保温隔热性能好、质量轻等特点，多用于保温构件或结构兼保温构件。

混凝土按照在工程中的用途或使用部位，可分为结构混凝土、防水混凝土、耐热混凝土、耐酸混凝土、装饰混凝土、大体积混凝土、膨胀混凝土、防辐射混凝土和道路混凝土等。

混凝土按照所用胶凝材料的种类，混凝土可分为水泥混凝土、聚合物混凝土、树脂混凝土、石膏混凝土、沥青混凝土、水玻璃混凝土和硅酸盐混凝上等。

混凝土按照生产（搅拌）方式，混凝土可分为预拌混凝土（又称为商品混凝土）和现场搅拌混凝土。预拌混凝土是在搅拌站集中搅拌，用专门的混凝土运输车运送到工地进行浇注的混凝土。由于搅拌站专业性强，原材料波动性小，称量准确度高，所以混凝土的质量波动性小，故预拌混凝土的使用量越来越多。现场搅拌混凝土是将原材料直接运送到施工现场，在施工现场搅拌后直接浇注，适用于工程量小、配比变化比较多的工程。按照施工方法，混凝土可分为泵送混凝土、喷射混凝土、压力灌浆混凝土、挤压混凝土、离心混凝土、真空吸水混凝土和碾压混凝上等。建设工程中最常川的是以水泥为胶结材料、表观密度为 2400kg/m³ 左右的普通水泥混凝土，其供应方式有现场搅拌和在专门的搅拌站搅拌、用混凝土运输车送到现场的商品混凝土两种。由此可见，混凝土种类繁多，应用广泛，在实际工程中以普通的水泥混凝土使用最为普遍。如无特殊说明，通常将普通的水泥混凝土简称为混凝土。

在民用建筑中，最长用的是水泥混凝土和钢筋水泥混凝土。水泥混凝土的基本组成材料有水泥、水、粗骨料（碎石或卵石）和细骨料（砂子），其中水泥和水占总容积的 20%～30%，砂、石骨料占容积的 70%～80%。混凝土中的水泥和水在未硬化之前称为水泥浆，具有流动性和可塑性，并将骨料联结起来，使混凝土拌合物整体上形成具有流动性和可塑性的不定形体，有利于浇注和施工。水泥浆硬化之后称为水泥石，本身具有一定的强度，并具有胶结作用，能将粒状的骨料联结起来，形成坚固的整体。虽然水泥和水在混凝土总量中所占比例较少，但所起的作用至关重要，可以说水泥浆是混凝土拌合物整体流动性、可塑性的来源，也是硬化后混凝土具有整体强度的重要组分。混凝土中的骨料起骨架和填充作用。与水泥石相比，骨料颗粒坚硬，体积稳定性好，相互搭接可形成坚实的骨架，抵抗外力的作用，分散，抵抗水泥凝胶体的体积收缩，对保证混凝土的体积稳定性只有重要作用。同时，骨料的成本大大低于水泥，在混凝土中占据大部分体积，使混凝土的成本大大降低。

以水硬性水泥为胶凝材料的混凝土从其发明到现在只不过 100 多年的历史，但已经是当今社会使用量最大的建设材料。这主要取决于混凝土具有许多其他材料不可比拟的优点。混凝土原材料来源丰富，造价低廉，砂、石等骨料材料占总量的70%～80%，在大部分地方可以就地取材，并且价格便宜。混凝土是利用版筑技术原理，使不定型的町塑性材料利用自身的物理化学变化逐渐硬化变成具有强度的材料，所以其形状、尺寸不受限制，借助模板可以浇注成任意形状和尺寸的构件。硬化后的混凝土具有较高的抗压强度，一般工程的混凝土抗压强度为20～40MPa，而且根据需要可以设计不同的配比，制造不同强度的混凝土材料。目前，已经开发出具有100MPa强度的高强混凝土，60～80MPa的混凝土已经在实际工程中使用。混凝土与钢材的粘结能力强，利用这一特点可复合制成钢筋混凝土，一方面利用钢材的韧性和较高的抗拉强度弥补混凝土容易开裂、脆性的弱点，另一方面碱性的混凝土环境可以保护钢筋不生锈。与传统的结构材料如木材、钢材等相比，混凝土材料耐久性好、不腐朽、不生锈、不易燃烧、耐火性能好、生产能耗低。

（3）木材

木材按树种进行分类，一般分为针叶树材和阔叶树材。针叶树材如红松、落叶松、云杉、冷杉、杉木、柏木等。针叶树材往往密度较小，材质较松软，通常称为软材（softwood），主要供建筑、桥梁、家具、造船、电柱、坑木、桩木等用途。阔叶树材如桦木、水曲柳、栎木、榉木、椴木、樟木、柚木、紫檀、酸枝、乌木等，种类比针叶树材多得多。大多数阔叶树材密度较大，材质较坚硬，因此俗称硬材（hardwood），用途如家具、室内装修、车辆、造船等等。与针叶树材相比，阔叶树材更多地被用于家具和室内装修。

在木材商品流通过程中，木材要按材质进行分类，可将针叶树和阔叶树加工用原木分为一、二、三等材；其锯材分为特等锯材、普通锯材（普通锯材又分为一、二、三等材）。

所有的木材产品按用途进行分类，可以分为原条、原木、锯材和各种人造板四大类。

①原条：系指树木伐倒后经去皮、削枝、割掉梢尖，但尚未按一定尺寸规格造材的木料，它包括杉原条、桅杆、电线杆等；

②原木：指树木伐倒后已经削枝、割梢并按一定尺寸加工成规定径级和长度的木料。

③锯材：指已经锯解成材的木料，凡宽度为厚度2倍以上的称为板材，不足2倍的称为方材；

④木质人造板：经过木材机械加工的人造板如胶合板、纤维板、刨花板等。

（4）天然石材

天然石材是采自地壳的天然岩石，经切割、破碎等物理加工得到的建筑材料。天然石材质地坚硬，抗压强度高，外观朴实，性能稳定，经久耐用。古埃及的金字塔，希腊雅典卫城的神庙，欧洲的许多教堂、皇家建筑，以及我国的赵州桥等，都是用天然石材建造的。由于天然石材具有优良的耐久性，这些建筑物、结构物得以长久地保存下来，成为现代人类宝贵的历史文化遗产。但是，天然石材自重大，性脆，加工和建造费时费力，随着现代建筑向高层、大跨结构发展和建设速度加快，天然石材的使用量逐渐减少，而代之以钢材和混凝土。然而，石材古朴、高雅的材质和经久耐用的性能，使人们仍然对石材有一种依恋的感情。现代建筑物中除了少数必要的部位仍然继续使用石材作为结构材料外，通常将石材加工成薄片状的贴面材料，用于建筑物墙体和地面的表面装饰，满足人们对建筑物美观的追求。此外，大量天然岩石经过破碎，用做混凝土的骨料。

建筑上常用的天然石材有花岗石、石灰石和大理石。其中花岗石属于岩浆岩，是由石英、长石和少量的云母等矿物构成的，结构致密，孔隙率小，吸水率低，材质坚硬，耐久性好，在建筑物中常用做承重的结构材料和外墙饰面材料。石灰石属于沉积岩，其主要成分是碳酸钙。但因其形成的条件与密实程度有很大差别，因此孔隙率和孔隙特征的变化也很大。结构比较疏松的石灰石常用做生产石灰和水泥的原材料，较坚硬的石灰石在建筑上大量用做混凝土的骨料，还可加工成块体材料，用来砌筑基础、墙体、路面、挡土墙等，非常致密的石灰石经研磨抛光可做饰面材料。常用做饰面材料的大理石属于变质岩，结构紧密、细腻，抗压强度高，但硬度不高，容易锯解，经雕琢和磨光等加工，可得到不同色彩、各色纹理的板材，具有极佳的装饰效果。大理石的主要化学成分也是碳酸钙，能抵抗碱的作用，但不耐酸。在大气污染比较严重的城市，空气中含有较多的 SO_2，遇水后生成亚硫酸、硫酸，而与岩石中的碳酸盐作用，生成易溶于水的石膏，使表面失去光泽，变得粗糙、麻面，从而降低其装饰效果，所以大理石板材不适用于城市建筑的外装修材料。而花岗石板材结构非常致密，且耐酸性好，不易风化，适用于建筑物外部的饰面材料。

（5）烧土制品

砖种类颇多，按其制造工艺区分有烧结普通砖（简称烧结砖）、蒸养（压）砖、碳化砖；按原料区分有黏土砖、硅酸盐砖；按孔洞率分有实心砖和空心砖等。

烧结砖是一般工程中用量最多的砖，用黏土质材料，如黏上、页岩、煤矸石、粉煤灰为原料，经过坯料调制，用挤出或压制工艺制坯、干燥，再经焙烧而成的实心或空洞率不大于 15% 的砖为烧结普通砖。国家标准为《烧结普通砖》GB 5101—2003。其标准尺寸为 240mm×115mm×53mm。各部位名称是：①大面——承受压力的面称为大面，尺寸为 240mm×115mm；②条面——垂直于大面的较长侧面称为条面，尺寸为 240mm×53mm；③顶面——垂直于大面的较短侧面称为顶面，尺寸为 115mm×53 mm。

烧结砖按主要原料分为黏土砖（N）、页岩砖 Y、煤矸石砖（M）和粉煤灰砖（9）。

根据抗压强度分为 MU30、MU25、MU20、MUl5、MUl0、MU7.5 六个等级。抗风化性能合格的砖，根据尺寸偏差、外观质量、泛霜和石灰爆裂等情况分为优等品（A）和合格晶（C）两个产品等级，强度等级 MU7.5 的砖不能作为优等品。优等品可用于清水墙建筑，合格品可用于混水墙建筑。中等泛霜的砖不得用于潮湿部位。

蒸养（压）砖属于硅酸盐制品，是以石灰和含硅原料，如砂、粉煤灰、炉渣、煤矸石，加水拌和，经成型、蒸养（压）而制成。目前使用的主要是灰砂砖、粉煤灰砖和炉渣砖。

砌块建筑可以减轻建筑墙体自重，改善建筑功能，降低造价。目前使用的主要有粉煤灰砌块、中型空心砌块、混凝土小型空心砌块、蒸压加气混凝土砌块等。

2. 常用金属建筑材料

常用的建筑金属材料主要是建筑钢材和铝合金。建筑钢材又可分为钢结构用钢、钢筋混凝土结构用钢和建筑装饰用钢材制品。

（1）钢结构用钢

钢结构用钢主要是热轧成形的钢板和型钢等。薄壁轻型钢结构中主要采用薄壁型钢、圆钢和小角钢。钢材所用的母材主要是普通碳素结构钢及低合金高强度结构钢。

钢结构常用的热轧型钢有：工字钢、H 型钢、T 型钢、槽钢、等边角钢、不等边角钢等。

冷弯薄壁型钢包括结构用冷弯空心型钢和通用冷弯开口型钢。

钢板材包括钢板、花纹钢板、建筑用压型钢板和彩色涂层钢板等。钢板是矩形平板状的钢材，可直接轧制而成或由宽钢带剪切而成，按轧制方式分为热轧钢板和冷轧钢板。钢板规格表示方法为宽度 × 厚度 × 长度（单位为 mm）。钢板分厚板（厚度 > 4mm）和薄板（厚度 ≤ 4mm）两种。厚板主要用于结构，薄板主要用于屋面板、楼板和墙板等。

（2）钢筋混凝土结构用钢

钢筋混凝土结构用钢主要品种有热轧钢筋、预应力混凝土用热处理钢筋、预应力混凝土用钢丝和钢绞线等。

热轧钢筋是建筑工程中用量最大的钢材品种之一，主要用于钢筋混凝土结构和预应力钢筋混凝土结构的配筋。从外形可分为光圆钢筋和带肋钢筋。与光圆钢筋相比，带肋钢筋与混凝土之间的握裹力大，共同工作性能较好。

（3）建筑装饰用钢材制品

现代建筑装饰工程中，钢材制品得到广泛应用。常用的主要有不锈钢钢板和钢管、彩色不锈钢板、彩色涂层钢板和彩色涂层压型钢板，以及镀锌钢卷帘门板及轻钢龙骨等。

不锈钢及其制品：不锈钢是指含铬量在 12% 以上的铁基合金钢。由于铬的性质比铁活泼，铬首先与环境中的氧化物生成一层与钢材基体牢固结合的致密氧化膜层，称为钝化膜，保护钢材不致锈蚀。铬的含量越高，钢的抗腐蚀性越好。

彩色涂层钢板：彩色涂层钢板是在冷轧镀锌薄板表面喷涂烘烤了不同色彩或花纹的涂层。这种板材表面色彩新颖、附着力强、抗锈蚀性和装饰性好，并且可进行剪切、弯曲、钻孔、铆接、卷边等加工。

彩色涂层钢板耐热、耐低温性能好，耐污染、易清洗，防水性、耐久性强。可用作建筑外墙板、屋面板、护壁板、拱复系统等。

彩色压型钢板：彩色压型钢板是以镀锌钢板为基材，经轧辊压制成 V 形、梯形或者水波纹等形状，表面再涂敷各种耐腐蚀涂料，或喷涂彩色烤漆而制成的轻型围护结构材料。它的特点是自重轻、色彩鲜艳、耐久性强、波纹平直坚挺、安装施工方便、进度快、效率高。适用于工业与民用建筑屋面、墙面等围护结构，或用于表面装饰。

轻钢龙骨：轻钢龙骨是以镀锌钢带或薄钢板由特制轧机经多道工艺轧制而成，断面有 U 形、C 形、T 形和 L 形。主要用于装配各种类型的石膏板、钙塑板、吸声板等，用作室内隔墙和吊顶的龙骨支架。与木龙骨相比，具有强度高、防火、耐潮、便于施工安装等特点。

4.2 辅助建筑材料

辅助建筑材料是指用量不大，但对主要建筑材料起到辅助作用或是联结、装饰作用的建筑材料。有一部分辅助建筑材料和装饰材料一样。一般来说，辅助建筑材料包括建筑塑料、涂料和胶凝材料。

1. 建筑塑料及管线材料

塑料可以用各种方法成型，且加工性能优良。可加工成薄膜、板材、管材，尤其易加工成断面较复杂的异形板材和管材。与之相比，木材的加工远为复杂，效率也低。各种塑料建材都可以用机械大规模生产，生产效率高，产量高。塑料的种类很多，通过改变配方或改性就可以改变它们的性能，因此，用塑料可以加工成具有各种特殊性能的工程材料，如高强轻质的结构材料、刚性很好的建筑板材、富有弹性的密封材料，以及其他具有防水性、隔热性、隔声性、耐化学性的建筑材料。

现代先进的加工技术可以把塑料加工成装饰性能优异的各种材料。塑料可以着色，而且色彩是永久的，不需要涂抹油漆，也可用先进的印刷或压花技术进行印刷和压花。印刷图案可以模仿天然材料，如大理石纹、木纹，图像十分逼真，花纹能满足各种设计人员的丰富想象力。压花使塑料表面产生立体感的花纹，增加了环境的变化，可以说，没有任何一种材料在装饰性能方面可以与塑料相提并论。

但是，建筑塑料除了具有上述优点之外，还有许多使用缺陷。首先，老化是人们普遍关心的问题。塑料存在老化的问题，其他材料同样存在老化问题，如钢材锈蚀、木材腐烂、混凝土开裂等。通过适当的配方技术和加工技术，在应用过程中采取适当措施，塑料材料的使用寿命完全可以与其他材料相比，有的甚至高过其他材料，如塑料管道的使用寿命可比铸铁管长。塑料建材在国外已使用四十多年，许多材料的实际使用效果已有结论，如塑料管道至少可使用 20～30 年，最高可达 50 年，这显然已超过铸铁管的寿命，塑料窗已使用 20 多年仍完好无损，这些足以说明老化问题已不成为建筑中使用塑料的主要障碍了。

其次，塑料建材的可燃性是另一弱点。塑料不仅可燃，而且在燃烧时发烟量大，甚至产生有毒气体。但通过特殊的配方技术，如加入阻燃剂、无机填料等有可能使它符合建材的防火要求，成为自熄的、难燃的甚至不燃的产品。

另一缺陷是耐热性差。一般塑料的热变形温度仅 60～80℃，所以在某些应用方面塑料建材不能符合要求，如住宅中的热水管。

最后，塑料刚性较小，由于它是一种黏弹性材料，在应力作用下，要发生蠕变。作为结构材料使用，必须选择合适的材料制成特殊结构复合材料。玻璃纤维增强塑料（GRP）等复合材料以及某些高性能的工程塑料已可用于承受较小负荷的结构材料。

管线材料包括水暖管道材料（包括钢管、铜管、铝塑管、PVC 管、PP-R 管等）、强电弱电线缆（单股线和护套线）以及相关配件。

2. 涂料

涂料是一类涂覆在物体表面并能在一定条件下形成牢固附着的连续薄膜的功能材料的总称。早期的涂料主要以天然的油脂（如桐油、亚麻油）和天然树脂（如松香、柯巴树脂）为主要原料，被称为油漆。随着科学技术的发展，各种高分子合成树脂广泛用作涂料原料，使油漆产品的面貌发生了根本的变化。现在通常把以天然油脂、树脂为主要原料经合成树脂改性的涂料称为油漆，而以合成树脂（包括无机高分子材料）为主要成膜物质的称为涂料。建筑涂料则是指使用于建筑物上并起着装饰、保护、防水等作用的一类涂料。本篇着重介绍以合成树脂为主要原料的建筑涂料及其原材料组成、性能、成膜机理和生产工艺原理等。

（1）涂料的组成

建筑涂料一般由基料（也称成膜物质）、颜料（填料）、助剂和水（或有机溶剂）等四种主要成分组成。

①基料主要由一种或多种高分子合成树脂（包括无机高分子材料）组成，是涂料中最重要的组分，是构成涂料的基础，决定着涂料的基本性能。基料成膜时，随着涂料中水分子或溶剂分子的蒸发逸失，涂料中的聚合物分子或微粒相互靠近而凝聚，或是由于固化物分子与聚合物分子发生化学反应而凝聚，将颜料和填料粘结起来，形成连续涂膜，并牢固附着于被涂物的表面上。常用的基料有聚乙烯醇及其改性物、苯丙乳液、丙烯酸乳液等。有关它们的基本特性将在后面的章节中加以叙述。

②颜料又称着色颜料，在涂料中的主要作用是使涂膜具有一定的遮盖力和所需要的各种色彩。填料，又称为体质颜料，其主要作用是在着色颜料使涂膜具有一定的遮盖力和色彩以后补充所需要的颜料分，并对涂膜起"填充作用"，以增大涂膜厚度。此外，它们都具有提高涂膜的耐久性、耐热性和表面硬度、降低涂膜的收缩以及降低涂料成本的作用。

③助剂是涂料的辅助材料，一般用量很少，但能明显改善涂料性能，尤其对基料形成涂膜的过程与耐久性起着十分重要的作用。常用的助剂有以下几类：

成膜助剂：成膜助剂的作用一般是降低成膜物质的玻璃化温度和最低成膜温度以及增加涂料的流动性，促进涂膜的完整性以及提高涂膜的流平性、附着力、耐洗刷等性能。成膜助剂还能减慢涂膜干燥时水分的蒸发速度，使涂膜边缘保持较长时间的湿润，有利于形成完整涂膜。

湿润分散剂：湿润分散剂的作用主要是湿润分散颜料和填料颗粒，以保证得到良好的分散体，用量一般为 0.1%～0.5%。

消泡剂：消泡剂的作用是降低液体的表面张力，消除在生产涂料时因搅拌和使用分散剂等产生的大量气泡。但消泡剂的用量不能太大（一般小于 0.3%），否则涂膜会出现"发花"、"鱼眼"等弊病。

增稠剂：增稠剂的作用是增加水相（介质相）的黏度，在涂料贮存时阻止已分散的颜料颗粒凝聚，在涂刷时防止固体颗粒很快聚集而影响涂刷性和流平性。同时，它又是一种流变助剂，起到改进涂料流变行为的作用。

防腐、防霉剂：在涂料中加人防腐剂的目的是防止涂料在贮存过程中因微生物和酶的作用而变质，并防止涂料涂刷后涂膜霉变。

防冻剂：防冻剂的作用是提高涂料的抗冻性。提高抗冻性的途径，一是加入某些物质，以降低水的冰点；二是使用某些离子型表面活性剂，使乳液微粒带电，以电荷的相互排斥能力抵制冰冻时产生的膨胀压力，从而提高冻融稳定性。

此外，还有增塑剂、抗老化剂、pH 值调节剂、防锈剂、难燃剂、消光剂等。水和溶剂是分散介质，主要作用在于使各种原材料分散而形成均匀的黏稠液体，同时可调整涂料的黏度，便于涂布施工，有利于改善涂膜的某些性能。另一方面，涂料在成膜过程中，依靠水或溶剂的蒸发，使涂料逐渐干燥硬化，最后形成连续均质的涂膜。水或溶剂都不存留在涂膜之中．因此，有些研究者也将水或溶剂称为辅助成膜物质。

（2）建筑涂料的功能

①装饰功能：所谓装饰功能就是建筑物经涂料涂装后达到美化和装饰的效果，起到美化环境，调节环境气氛的作用。例如，居室内采用内墙涂料装饰后可显得舒适典雅、明快舒畅；室外墙面经外墙涂料涂饰后可获得各种质感的花纹图案并起到协调环境的作用。装饰功能的要素主要包括色彩、色泽、图案、光泽、立体感。室内与室外装饰的要素基本相同，但性能要求不同。一般而言，内墙上喜欢采用比较平伏的立体花纹或色彩花纹，避免高光泽；外墙则要求富有立体感的花纹和高光泽。另外，涂料的装饰功能不是独立的，也就是说，要与建筑物墙体形状、大小、造型及图案设计相配合，才能充分发挥装饰效果。

②保护功能：建筑涂料经过一定的施工工艺涂施后能够在建筑物的表面形成连续的涂膜，这种涂膜具有一定的厚度、柔韧性和硬度以及具有耐磨蚀、耐污染、耐紫外光照射、耐气候变化、耐细菌侵蚀和耐化学侵蚀等特性，可以减轻或消除大气、水分、酸雨、

灰尘及微生物等对建筑物的损坏作用以及使用过程中的油污等各种污染源的污染，承受一定的摩擦及外力，延长其使用年限。此外，建筑涂料还可以对一部分材料起到增强作用，并改善其材料性能。但是，不同的建筑材料及环境条件（如室内和室外）对保护功能的具体内容是不同的；因此要根据不同的条件选择使用涂料。

3. 胶凝材料

凡经过自身的物理、化学作用，能够由可塑性浆体变成坚硬固体，并具有胶结能力，能把粒状材料或块状材料粘结为一个整体，具有一定力学强度的物质统称为胶凝材料。胶凝材料分为有机和无机两大类。石油沥青、高分子树脂以及古代使用的糯米汁、动物血等属于有机胶凝材料。无机胶凝材料通常为粉末状，与水拌和形成可塑性浆体，经过一定时间后凝结硬化成为具有一定强度和黏结性的固体。最常用的无机胶凝材料有水泥、石灰、石膏等，根据其凝结硬化条件及适用环境，无机胶凝材料又分为气硬性和水硬性两类。

所谓气硬性胶凝材料是指只能在空气中凝结硬化、并且只能在空气中保持和发展强度的胶凝材料，石灰、石膏、水玻璃等属于这一类。而水硬性胶凝材料不仅能在空气中，也能更好地在水中硬化，保持并继续发展其强度。建设工程中大量使用的各种水泥即属于水硬性胶凝材料。气硬性胶凝材料只能用于地面以上、处于干燥环境中的部位，而水硬性胶凝材料既可用于干燥环境，也可用于地下或水中环境。

4.3 装修材料

建筑物是技术与艺术相结合的产物。建筑装饰材料是建筑材料的一个类别，具有直观性强的特点，一般通过铺设、涂装等方式用在建筑物内外墙面、柱面、地面、顶棚等建筑物表面上，形成装饰效果，此外还兼具防磨损、防潮、防火、隔声、保温隔热等多种功能。因此，采用建筑装饰材料修饰建筑物的面层，不仅能大大改善建筑物的外观形象，使人们获得舒适和美的感受，最大限度地满足人们生理和心理上的各种需要，而且能起到了保护主体结构材料的作用，提高建筑物的耐久性。有时，一些老旧的建筑物通过内外装饰装修，也能给人一种现代建筑的感觉。

建筑装修材料按装饰建筑物的部位不同，可分为外墙装修材料，包括墙面、柱面、阳台、门窗套、台阶、雨篷、檐口等建筑物全部外露的外部装饰所用的材料。内墙装修材料，包括内墙面、柱面、墙裙、踢脚线、隔断、窗台、门窗套等装饰所用的材料。地面装修材料，包括地面、楼面、楼梯段与平台等的全部装饰材料。顶棚装修材料，主要指室内顶棚装饰材料。

常见房屋装修材料即是房屋天棚装修、地面装修、墙面装修和细部装修中常用到的各种材料。

1. 墙面材料

墙面材料主要包括涂料、壁纸和瓷砖。

涂料。涂料是一种胶体溶液，将其涂抹在物体表面，经过一定时间的物理、化学变化，生成与被涂物体表面牢固粘贴而连续的膜层，以对被涂物体进行保护、装饰等。内墙涂料的种类很多，按照成膜物质的性质，可分为油性涂料和水性涂料。按照涂料的分散介质，可分为溶剂性涂料、水溶性涂料和乳液性涂料等。目前使用最多的涂料为乳胶漆，它是一种极细的合成树脂微粒，通过乳化剂的作用分散于水中，配以适当的颜料、填料和助剂制成。乳胶漆质量稳定，无毒无害，干燥后可以擦洗，颜色种类多，也可自己调制色彩。

壁纸。壁纸也称墙纸，是用胶粘剂将其裱糊于墙面或顶棚表面的材料，以成片或成卷方式供应。根据壁纸基体材料的性质，有纸基壁纸、乙烯基壁纸、织物壁纸、无机质壁纸和特殊壁纸五大类。其中乙烯基壁纸用量最大，其耐水性好、易清洗，但防火性差、不透气。近年来，壁纸的生产技术迅速发展，花色品种繁多，使房间具有高雅、豪华的感觉。

瓷砖。瓷砖的花色品种多，主要用于厨房、卫生间的墙面，其质地坚硬、耐水、耐污染、易清洗。瓷砖按照材质划分，可分为陶瓷砖、半瓷砖和全瓷砖。瓷砖的缺点是施工效率较低、容易脱落。

2. 地面材料

地面材料主要有实木及竹质地板、复合地板、塑料地板、陶瓷地砖、石材和地毯。

实木及竹质地板。实木地板是采用天然木材经烘干、烤漆等工序加工而成的铺地板材，其品种很多，如紫檀、黄檀、柚木、水曲柳、柞木等。实木地板具有舒适、豪华、保温隔热性能好、污染小等优点，但受到木材资源的限制不能大量使用。竹材代替天然木材制成地板，具有抗拉强度高，有较高的硬度、抗水性、耐磨性、色彩古朴、光滑度好等特点。

复合地板。常见的复合地板有多层实木复合地板和强化复合地板。与实木地板相比，复合地板价格适中、质量相对稳定、易保养、不易变形，适用于卫生间以外的所有空间，尤其适用于有地热的房间。复合地板的缺点是脚感稍差，胶粘剂挥发影响居室的空气质量。

塑料地板。塑料地板的优点是色彩丰富、耐磨性、耐水性、耐腐蚀性能优异，具有一定的柔软和弹性、保温性能好、易清洗、成本低。其缺点是易燃，有些品种在燃烧时产生有毒、有害的物质，危及人的生命和健康。

陶瓷地砖。陶瓷地砖具有吸水率低、强度高、耐磨性好、装饰效果逼真等特点，有釉面砖、玻化砖、陶瓷锦砖、通体砖、亚光防滑地砖等。但瓷砖地面给人以硬、脆的感觉，保温性能较差，不适用于卧室。

石材。用于室内装饰的石材有天然石材和人造石材。天然石材主要是天然大理石和天然花岗石。天然大理石具有花纹品种多、色泽鲜艳、质地细腻、抗压性强、吸水率小、耐磨、不变形等特点。浅色大理石板的装饰效果庄重而清雅，深色大理石板华丽而高贵。用于室内地面、柱面、墙面的大理石板主要有云灰、白色和彩色三类。天然花岗石具有结构细密、性质坚硬、耐酸、耐腐、耐磨、吸水性小、抗压强度高、耐冻性强、耐久性好等特点。天然花岗石板广泛用于地面、墙面、柱面、墙裙、楼梯、台阶等。人造石材是人造大理石和人造花岗石的总称，具有天然石材的花纹和质感，且重量要比天然石材轻。由于其强度高、厚度薄、易黏结，故在现代室内装饰中得到广泛应用。除室内地面外，还可用于墙面、柱面、踢脚板、阳台、窗台板、服务台面等。

地毯。地毯是较高级的地面材料，有纯毛地毯和各种化纤地毯。地毯隔声、防震效果较好，花色品种繁多，但不易清洗，易滋生细菌。

3.顶棚材料

常用的吊顶面层材料主要有石膏板、PVC板和铝合金板等。石膏板主要用于客厅、餐厅、卧室等无水汽的地方。PVC板由于不耐火、易变形，只适用于浴室或卫生间。铝合金板是厨房、浴室等空间的理想吊顶面层材料，但与PVC板相比，价格较贵。

石膏板。它以石膏为主要材料，加入纤维、胶粘剂、改性剂，经混炼压制、干燥而成。具有防火、隔音、隔热、轻质、高强、收缩率小等特点且稳定性好、不老化、防虫蛀，可用钉、锯、刨、粘等方法施工。广泛用于吊顶、隔墙、内墙、贴面板。纸面石膏板在家居装饰中常用做吊顶材料。石膏板以建筑石膏为主要原料，一般制造时可以掺入轻质骨料、制成空心或引入泡沫，以减轻自重并降低导热性；也可以掺入纤维材料以提高抗拉强度和减少脆性；又可以掺入含硅矿物粉或有机防水剂以提高其耐水性；有时表面可以贴纸或铝箔增加美观和防湿性。石膏板特点是轻质、绝热、不燃、可锯可钉、吸声、调湿、美观。但耐潮性差。石膏板主要用于内墙及平顶装饰，隔离墙体，保温绝热材料，吸声材料，代木材料等。

PVC板。PVC板又称吸塑板是用PVC靠真空抽压在基材表面，可以有立体造型，由于整体包覆，防水防潮性能较好，有多种颜色和纹路可选择。但表面容易划伤、磕伤，不耐高温。而且，PVC由于在涂胶过程中胶的水分会浸入基材中，板材容易变形。

铝合金板。铝合金装饰板又称为铝合金压型板或天花扣板，用铝、铝合金为原料，经辊压冷压加工成各种断面的金属板材，具有重量轻、强度高、刚度好、耐腐蚀、经久耐用等优良性能。板表面经阳极氧化或喷漆、喷塑处理后，可形成装饰要求的多种色彩。

5　房屋规划

城市规划又叫都市计划或都市规划，是指对城市的空间和实体发展进行的预先考虑。

其对象偏重于城市的物质形态部分，涉及城市中产业的区域布局、建筑物的区域布局、道路及运输设施的设置、城市工程的安排等。城市规划的任务是根据国家城市发展和建设方针、经济技术政策、国民经济和社会发展长远计划、区域规划，以及城市所在地区的自然条件、历史情况、现状特点和建设条件，布置城市体系；确定城市性质、规模和布局；统一规划、合理利用城市土地；综合部署城市经济、文化、基础设施等各项建设，保证城市有秩序地、协调地发展，使城市的发展建设获得良好的经济效益、社会效益和环境效益。

与住房有关的城市规划主要有控制性详细规划和修建性详细规划两种。

控制性详细规划以城市总体规划或分区规划为依据，确定建设地区的土地使用性质和使用强度的控制指标、道路和工程管线控制性位置以及空间环境控制的规划要求。根据《城市规划编制办法》第二十二条至第二十四条的规定，根据城市规划的深化和管理的需要，一般应当编制控制性详细规划，以控制建设用地性质，使用强度和空间环境，作为城市规划管理的依据，并指导修建性详细规划的编制。它主要包括六个方面内容：第一，详细规定所规划范围内各类不同使用性质用地的界线，规定各类用地内适建、不适建或者有条件地允许建设的建筑类型；第二，规定各地块建筑高度、建筑密度、容积率、绿地率等控制指标；规定交通出入口方位、停车泊位、建筑后退红线距离、建筑间距等要求；第三，提出各地块的建筑位置、体型、色彩等要求；第四，确定各级支路的红线位置、控制点坐标和标高；第五，根据规划容量，确定工程管线的走向、管径和工程设施的用地界线；第六，制定相应的土地使用与建筑管理规定。

修建性详细规划是以城市总体规划、分区规划或控制性详细规划为依据，用以指导各项建筑和工程设施的设计和施工的规划设计。修建性详细规划的文件和图纸包括修建性详细规划设计说明书、规划地区现状图、规划总平面图、各项专业规划图、竖向规划图、反映规划设计意图的透视图等。它的主要内容有建设条件分析及综合技术经济论证；作出建筑、道路和绿地等的空间布局和景观规划设计，布置总平面图；道路交通规划设计；绿地系统规划设计；工程管线规划设计；竖向规划设计；估算工程量、拆迁量和总造价，分析投资效益。

5.1 用地规划

土地利用类型指的是土地利用方式相同的土地资源单元，是根据土地利用的地域差异划分的，是反映土地用途、性质及其分布规律的基本地域单位。是人类在改造利用土地进行生产和建设的过程中所形成的各种具有不同利用方向和特点的土地利用类别。

土地利用类型反映了土地的经济状态，是土地利用分类的地域单元。通常具有以下特点：第一，是一定的自然、社会经济、技术等各种因素综合作用的产物；第二，在空间分布上具有一定的地域分布规律，但不一定连片且可重复出现，同一类型必然具有相似的特点；第三，不是一成不变的，随着社会经济条件的改善和科学技术水平的提高或受自然灾害和人为的破坏而呈动态变化；第四，是根据土地利用现状的地域差异划分的，反映土地利用方式、性质、特点及其分布的基本地域单元，具有明显的地域性。

通过研究和划分土地利用类型，一可查清各类用地的数量及其地区分布，评价土地的质量和发展潜力；二可阐明土地利用结构的合理性，揭示土地利用存在问题，为合理利用土地资源，调整土地利用结构和确定土地利用方向提供依据。

目前，我国城市土地利用按城市中土地使用的主要性质划分为下列类型：

居住用地：是指在城市中包括住宅及相当于居住小区及小区级以下的公共服务设施、道路和绿地等设施的建设用地。按市政公用设施齐全程度和环境质量等，居住用地可进一步分为一类居住用地、二类居住用地、三类居住用地和四类居住用地。其中，一类居住用地是指市政公用设施齐全、布局完整、环境良好、以低层住宅为主的用地。二类居住用地是指市政公用设施齐全、布局完整、环境较好、以多、中、高层住宅为主的用地。三类居住用地是指市政公用设施比较齐全、布局不完整、环境一般或住宅与工业等用地有混合交叉的用地。四类居住用地是指以简陋住宅为主的用地。

公共设施用地：是指城市中为社会服务的行政、经济、文化、教育、卫生、体育、科研及设计等机构或设施的建设用地。公共设施用地不包括居住用地中的公共服务设施用地。按用地性质，公共设施用地可进一步分为行政办公用地、商业金融业用地、文化娱乐用地、体育用地、医疗卫生用地、教育科研设计用地、文物古迹用地和其他公共设施用地（如宗教活动场所、社会福利院等用地）。

工业用地：是指城市中工矿企业的生产车间、库房、堆场、构筑物及其附属设施（包括其专用的铁路、码头和道路等）的建设用地。工业用地不包括露天矿用地，该用地应归入"水域和其他用地"。按对环境的干扰和污染程度，工业用地可进一步分为一类工业用地、二类工业用地和三类工业用地。其中，一类工业用地是指对居住和公共设施等环境基本无干扰和污染的工业用地，如电子工业等用地。二类工业用地是指对居住和公共设施等环境有一定干扰和污染的工业用地，如食品工业、医药制造工业、纺织工业等用地。三类工业用地是指对居住和公共设施等环境有严重干扰和污染的工业用地，如采掘工业、冶金工业、大中型机械制造工业、化学工业、造纸工业、制革工业、建材工业等用地。

仓储用地：是指城市中仓储企业的库房、堆场和包装加工车间及其附属设施的建设用地。

对外交通用地：是指城市对外联系的铁路、公路、管道运输设施、港口、机场及其附属设施的建设用地。

道路广场用地：是指城市中道路、广场和公共停车场等设施的建设用地。

市政公用设施用地：是指城市中为生活及生产服务的各项基础设施的建设用地，包括供应设施（供水、供电、供燃气和供热等设施）、交通设施、邮电设施、环境卫生设施、施工与维修设施、殡葬设施及其他市政公用设施的建设用地。

绿地：是指城市中专门用以改善生态、保护环境、为居民提供游憩场地和美化景观的绿化用地。

特殊用地：一般指军事用地、外事用地及保安用地等特殊性质的用地。

水域和其他用地：是指城市范围内包括耕地、园地、林地、牧草地、村镇建设用地、露天矿用地和弃置地，以及江、河、湖、海、水库、苇地、滩涂和渠道等常年有水或季节性有水的全部水域。

保留地：是指城市中留待未来开发建设的或禁止开发的规划控制用地。

5.2 居住区规划

居住区是城市居民的居住生活聚居地，其用地构成，按功能可分为住宅用地、为本区居民配套建设的公共服务设施用地（也称公建用地）、公共绿地以及把上述三项用地联成一体的道路用地等四项用地，总称居住区用地。在居住区外围的道路用地（如独立组团外围的小区路，独立小区外围的居住区级道路或城市道路、居住区外围的城市干道）或按照城市总体规划要求在居住区规划用地范围内安排的非为居住区配建的公建用地或与居住区功能无直接关系的各类建筑和设施用地，以及保留的单位和自然村及不可建设等用地，统称其他用地，所以，居住区规划总用地包括居住区用地和"其他用地"两部分。

居住区的组成要素也是居住区的规划因素，主要有住宅、公共服务设施、道路和绿地。

公共服务设施是居住区配套建设设施的总称，简称公建，包括下列八类：①教育：项目有托儿所、幼儿园、小学、中学；②医疗卫生：项目有医院、门诊所、卫生站、护理院；③文化体育：项目有文化活动中心（站）、居民运动场馆、居民健身设施；④商业服务：项目有综合食品店、综合百货店、餐饮店、中西药店、书店、便民店等；⑤金融邮电：项目有银行、储蓄所、电信支局、邮电所；⑥社区服务：项目有社区服务中心、治安联防站、居委会等；⑦市政公用：项目有供热站或热交换站、变电室、开闭所、路灯配电室、燃气调压站、高压水泵房、公共厕所、垃圾转运站、垃圾收集点、居民停车场（库）、消防站、燃料供应站等；⑧行政管理及其他：项目有街道办事处、市政管理机构（所）、派出所、防空地下室等。

居住区内道路分为居住区（级）道路、小区（级）路、组团（级）路和宅间小路四级。其中，居住区（级）道路是一般用以划分小区的道路；小区（级）路是一般用以划分组团的道路；组团（级）路是上接小区路、下连宅间小路的道路；宅间小路是住宅建筑之间连接各住宅入口的道路。此外，居住区内还可能有专供步行的林荫步道。

居住区内绿地有公共绿地、宅旁绿地、公共服务设施所属绿地和道路绿地，包括满足当地植树绿化覆土要求、方便居民出入的地下建筑或半地下建筑的屋顶绿地，不包括其他屋顶、晒台的人工绿地。其中，公共绿地是指满足规定的日照要求、适合于安排游憩活动设施的、供居民共享的集中绿地，包括居住区公园、小游园和组团绿地及其他块状、带状绿地等；宅旁绿地是指住宅四旁的绿地；公共服务设施所属绿地是指居住区内的幼儿园、中小学、门诊所、储蓄所、居委会等公共服务设施四旁的绿地；道路绿地是指居住区内道路红线内的绿地。

6 房屋环境

环境是人们最熟悉、最常用的词汇之一，如人们经常讲自然环境、生存环境、居住环境、生活环境、学习环境、工作环境、投资环境等。景观的含义与"风景"、"景致"、"景色"相近，是描述自然、人文以及它们共同构成的整体景象的一个总称，包括自然和人为作用的任何地表形态及其印象。具体地说，景观是指由某一特定点透视时，出现在视野地表的一部分和相应天空的一部分，以及给予人的全体印象，即放眼所映获的景色及印象。

6.1 环境

环境既包括以大气、水、土壤、岩石、生物等为内容的物质因素，也包括以观念、制度、行为准则等为内容的非物质因素；既包括自然因素，也包括社会因素；既包括非生命体形式，也包括生命体形式。根据需要，可以对环境进行不同的分类。通常按照环境的属性，将环境分为自然环境、人工环境和社会环境。

自然环境，通俗地说，是指未经过人为的加工改造而天然存在的环境；从学术上讲，是指直接或间接影响到人类的一切自然形成的物质、能量和自然现象的总体。自然环境按照环境要素，又可以分为大气环境、水环境、土壤环境、地质环境和生物环境等，主要就是指地球的五大圈——大气圈、水圈、土圈、岩石圈和生物圈。

人工环境，通俗地说，是指在自然环境的基础上经过人的加工改造所形成的环境，或人为创造的环境；从学术上讲，是指人类利用自然、改造自然所创造的物质环境，如乡村、城市、居住区、房屋、道路、绿地、建筑小品等。人工环境与自然环境的区别，主要在于人工环境对自然物质的形态做了较大的改变，使其失去了原有的面貌。

社会环境是指由人与人之间的各种社会关系所形成的环境，包括政治制度、经济体制、文化传统、社会治安、邻里关系等。对于选购某套住宅的人来说，周边居民的文化素养、收入水平、职业、社会地位等，都是其社会环境。

6.2 景观

景观一词如果按中文字面解释，包括"景"和"观"两个方面。"景"是自然环境和人工环境在客观世界所表现的一种形象信息，"观"是这种形象信息通过人的感觉（视觉、听觉等）传导到大脑皮层，产生一种实在的感受，或者产生某种联系与情感。因此，景观应包括客观形象信息和主观感受两个方面。景观的好坏判别，与审视者的心理、生理、知识层次的高低条件有关。不同的人在相同的眺望空间与时间中，感受到的景观印象程度是不同的，其中还夹杂着个人的喜好、怀恋和情感。

景观可以分为自然景观和人文景观。自然景观是指未经人类活动所改变的水域、地表起伏与自然植物所构成的自然地表景象及其给予人的感受。人文景观是指被人类活动改变过的自然景观，即自然景观加上人工改造所形成的景观及印象。

有好的景观的房屋，如可以看到水（海、湖、江、河、水库、水渠等）、山、公园、树林、绿地、知名建筑等的房屋，其价值通常较高；反之，有坏的景观的房屋，如可以看到陵园、烟囱、厕所、垃圾站等的房屋，其价值通常较低。

6.3 生态

生物与其生存环境相互间有着直接或间接的作用。生态是指生物与其生存环境之间的关系。生态与环境的含义有所不同。环境是指独立存在于某一主体之外、对该主体会产生某些影响的所有客体，而生态是指生物与其生存环境之间或生物与生物之间的相对状态或相互关系。二者的侧重点也不同，环境强调客体对主体的效应，而生态则阐述客体与主体之间的关系。衡量环境往往用"好坏"之类的定性评价，而衡量生态则在一定程度上用定量指标来阐明关系是否平衡或协调。

生态系统是指在一定的时间和空间内，生物和非生物成分之间，通过物质循环、能量流动和信息传递，而相互作用、相互依存所构成的统一体。生态系统也就是生命系统与环境系统在特定空间的组合。地球表面是一个庞大的环境系统，在这个系统内，大气、水、土壤、岩石等各种环境要素与生物通过物质能量的循环、流动，进行十分复杂的作用，形成了不同等级的生态系统。这些生态系统的规模大小不等，大到整个生物圈、陆地、海洋，小到一片森林、草地、池塘。同样，城市也是一个特殊的生态系统。

生态系统有四个基本组成部分：①非生物环境要素，包括地球表面生物圈以外的物质成分，如阳光、空气、水、土壤、矿物等，它们构成生物赖以生存的环境；②植物——生产者有机体，它们利用光合作用将周围的无机物转化为有机物，为动物提供食物；③动物——消费者有机体，它们又可分为食草动物和食肉动物，以及两者兼有的杂食动物；④微生物——分解者有机体，又称还原者，它们将死亡的动植物的复杂有机物分解还原为简单的无机物，释放回环境中，供植物再利用。生态系统的各个部分正是通过"食物链"（生物之间以营养为基础组成的链条）对物质和能量的输送传递，相互依存，相互制约，组成密切联系的有机整体。

生态系统在一定条件下处于相对平衡状态，主要表现为生态系统内物质和能量的输入与输出之间是协调的，不同动植物种类的数量比例是稳定的，在外来干扰下能通过自我调节恢复到原来的平衡状态。例如，水受到"异物"轻微的污染时，通过重力的沉淀、流水的搬运、化学的分解等物理、化学作用，将水中的有害物质稀释化解，这种自净能力使其恢复到原来的平衡状态。但生态系统自身的调节能力是有限的，一旦受到外界强烈的干扰，特别是人类活动对自然产生的负面影响，就会遭受严重的破坏而失去平衡。

生态环境不等于通常意义上的环境，可将其理解为生物的状态与环境的各种关系，是指在生态系统中除了人类种群以外、相对于生物系统的全部外界条件的总和，包含了特定空间中可以直接或间接影响生物生存和发展的各种要素，强调在生态系统边界内影响生物状态的所有环境条件的综合体。生态环境随生态系统层次边界的不同而有不同的规模范围。

人类的生态环境是一个以人类为中心的生态环境。人类具有生物属性和社会属性。人类的生物属性表现为：人类作为食物链的一个环节，参与自然界的物质循环和能量转换，具有新陈代谢的功能。人类的社会属性表现为：人类是群居的社会性的人，是在一定生产方式下干预自然界的物质循环和能量转换，通过影响生态环境间接影响人类的生存与发展。因此，人类的生态环境凝聚着自然因素和社会因素的相互作用，是自然生态环境与社会生态环境共同组成的统一体。

第三部分 组织与人力资源

7 验房企业

验房企业，是指依法登记并从事验房活动的企业。验房企业是验房业运行的载体，也是验房师从事验房活动必须依附的经济实体。

7.1 验房企业设立

1. 设立条件

验房企业的设立应符合《公司法》、《合伙企业法》、《个人独资企业法》、《中外合作经营企业法》、《中外合资经营企业法》、《外商独资经营企业法》等法律法规及其实施细则和工商登记管理的规定。此外，设立验房企业应当具备足够的专业人员，能履行其权利与义务。

2. 设立程序

设立验房企业，首先由当地房地产行政管理部门对其人员条件进行审查，再向当地工商行政管理部门申请办理工商登记。验房企业在领取工商营业执照后的一个月内，应当到登记机构所在地房地产行政管理部门或其委托的机构备案。

3. 变更和注销

验房企业的名称、法定代表人住所、注册验房师等备案信息发生变更的，应当在变更后30日内，向原备案机构办理变更手续。

验房企业注销，标志着其主体资格终止。注销时尚未完成的验房业务应与委托当事人协商处理，可以转由他人代为完成，可以终止合同并赔偿损失，在符合法律规定的前提下，经委托人约定，也可以用其他方法。验房企业的备案证书被撤销后，应当在规定的期限内向所在地的工商行政管理部门办理注销登记。验房企业歇业或因其他原因终止验房活动，应当在向工商行政管理部门办理注销登记后30天内向原办理登记备案手续的房地产管理部门办理注销手续，逾期不办理视为自动撤销。

延伸阅读

验房企业的权利与义务

（1）验房企业的权利

第一，享有工商行政管理部门核准的业务范围内的经营权利，依法开展各项经营活动，并按规定标准收取佣金及其他服务费用。

第二，按照国家有关规定制定各项规章制度，并以此约束在本机构中执业的验房师的执业行为。

第三，验房企业有权在委托人隐瞒与委托业务有关的重要事项、提供不实信息或者要求提供违法服务时，中止验房服务。

第四，验房企业有权拒绝被委托人提出的不符合验房规定及相关政策法规的要求。

第五，由于委托人的原因，造成验房企业或验房师的经济损失的，有权向委托人提出赔偿要求。

第六，验房师可向房地产管理部门提出实施专业培训的要求和建议。

第七，法律、法规和规章规定的其他权利。

（2）验房企业的义务

第一，依照法律、法规和政策开展经营活动。

第二，认真履行验房合同，督促验房师认真开展验房业务。

第三，维护委托人的合法权益，按照约定为委托人保守商业秘密。

第四，严格按照规定标准收费。

第五，接受房地产管理部门的监督和检查。

第六，依法缴纳各项税金和行政管理费。

第七，法律、法规和规章规定的其他义务。

7.2　验房企业类型

1.验房有限公司

验房有限公司是指在中国境内设立的从事验房业务的有限责任公司和股份有限公司。有限责任公司和股份有限公司都是机构法人。

2.合伙制验房企业

合伙制验房企业是指依照《合伙企业法》和有关验房管理的部门规章在中国境内设立的由各合伙人订立合伙协议，共同出资、合伙经营、共享收益、共担风险，并对合伙企业债务承担无限连带责任的从事验房活动的营利性组织。合伙人可以用货币、实物、土地使用权、知识产权或者其他财产权利出则；对货币以外的出资需要评估作假的，可以由全体合伙人协商确定，也可以由全体合伙人委托法定评估机构进行评估。经全体合伙人协商一致，合伙人也可以用劳务出资，其评估办法由全体合伙人协商确定。合伙企业存续期间，合伙人的出资和所有以合伙企业名义取得的收益（合伙企业财产）由全体合伙人共同管理和使用。合伙人原则上以个人财产对合伙企业承担无限连带责任，但如果合伙人是以家庭财产或夫妻共同财产出资并把合伙收益用于家庭或夫妻生活的，应以家庭财产或夫妻共同财产对合伙企业承担无限连带责任。

3. 个人独资验房企业

个人独资验房企业是指依照《个人独资企业法》和有关验房管理的部门规章在中国境内设立，由一个自然人投资，财产为投资人个人所有，投资人以其个人财产对企业债务承担无限责任的从事验房活动的经营实体。

4. 分支机构

在中华人民共和国境内设立的验房企业（包括验房公司、合伙制验房企业、个人独资验房企业）、国外验房企业，经拟设立的分支机构所在地主管部门审批，都可以在中华人民共和国境内设立分支机构。分支机构能独立开展验房业务，但不具有法人资格。分支机构解散后，验房企业对其解散后尚未清偿的全部债务（包括未到期债务）承担责任，该机构承担责任的形式按照机构的组织形式决定，股份有限公司和有限责任公司一起全部财产承担有限责任，合伙企业和个人独资机构承担无限连带责任。国外验房企业的分支机构撤销、解散及债务的清偿等程序都按照中国法律进行。国内验房企业经国内验房企业所在地主管部门及拟设立分支机构的境外当地政府主管部门批准，也可在境外设立分支机构。分支机构是否具有法人资格是分支机构所在地法律而定。分支机构撤销、解散及债务的清偿等程序按照分支机构所在地法律进行，但不应该违反中国法律。

7.3 部门设置

各类验房企业内的部门不外乎四类：业务部门、业务支持部门、客户服务部门和其他部门（图7.3）。一个新开的验房企业可以根据自身的情况选择其中的某些具体部门形式。

1. 业务部门

根据物业类别不同进行设置。如住宅部、办公楼部、商铺部等。

根据业务区域范围进行设置。划分为东区业务部、西区业务部、南区业务部、北区业务部。

业务部门主要负责确认客户地点；上门服务；接受相关资料；确定收费标准；实地勘察检测；填写检测结果报告单；客户确认。

2. 业务支持部门

包括产品研发部、市场部、信息技术部、法律事务部等。

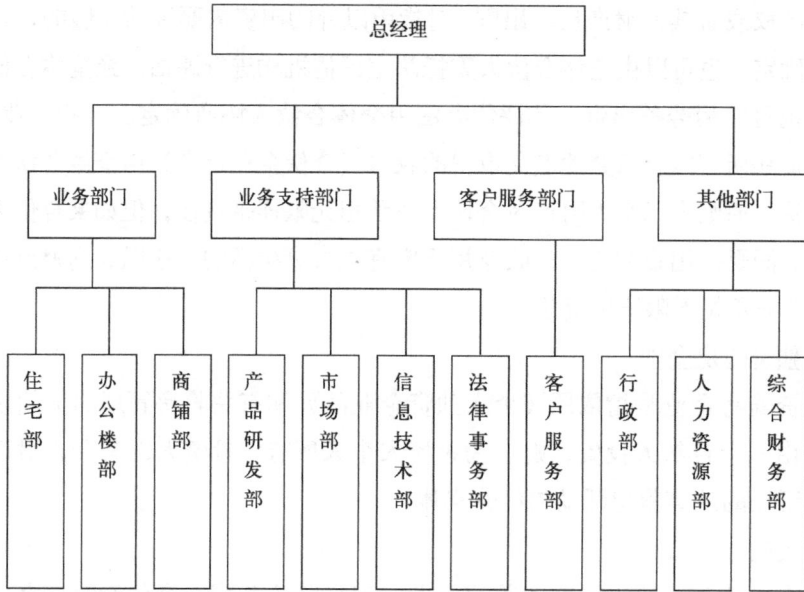

图 7.3　验房企业组织结构图

产品研发部：负责市场调查分析，原业务调整方案的制定，新业务品种的研究等工作。

市场部：负责预约登记；了解客户需要；签署委托书；确认工作目标；确定验房时间。

信息技术部：其主要职责就是负责信息系统软硬件的管理和维护。

法律事务部：主要负责签定索赔合同；办理索赔委托；责任方协商解决办法和日期；协商不成代理诉讼。

3. 客户服务部门

这里对客户服务部门的定义是综合性的。它的任务既包含了对客户服务以及受理各类客户的投诉，同时也包括了对验房师业务行为的监督。

客户服务部一般负责审核提供资料的正确性；审核检测报告书的准确性；审核解决方案的合理性；归案存档；送达或邮寄检测报告书。

4. 其他部门

其他部门主要是指一些常设部门，如行政部、人力资源管理部、综合财务部等。

8　验房师

"验房师"最早出现于 20 世纪 50 年代的美国纽约州，主要职责是受售房或购房者委托，对拟出售或购置的住宅进行检验、评估。随后，美国、加拿大等发达国家对"验房师"实行注册登记制度，并实行严格的准入和清出制度。

8.1 验房师职业涵义

验房师是受委托方（雇主）的有偿委托，依据国家和地方有关法律、法规、规范、商业合同和服务合同等，运用一定的专业知识、工具和技能，对竣工并将交付使用（或二手）的民用建设工程（或其装饰装修工程）进行观感质量和使用功能方面的查验，并向委托方（雇主）提供相应咨询服务的专业技术人员。

验房师的概念有三个组成要素，即委托者（雇主）、受托者（验房师）、咨询关系（验房）。对概念的理解可以分为下几个方面：

验房师工作对象：已经竣工并将交付使用的新房、准备交易的二手房等民用建设工程，包括毛坯房、装修房等。

验房师工作内容：对房屋的观感质量（如裂缝、表面磕碰、破损等）和使用功能（如排水、通风、电路等）进行查验。

验房师工作依据：国家和地方有关法律、法规、规范、商业合同和双方签订的服务委托合同等。

验房师工作手段：运用建设建筑装饰等相关专业知识、工具和技能。

验房师工作目的：为委托方（雇主）或交易双方保障自身的知情权和消费权提供第三方专业技术服务。

8.2 验房师职业能力要求

验房师职业，具有知识的集成性、技术的专业性、能力的复合性、从业的灵活性、服务的社会性等职业特征，通常需要具备以下能力：

（1）向委托人介绍验房所需的知识和口头语言表达能力；

（2）业务接洽时所需的知识和沟通能力；

（3）查找、发现问题的知识和观察、分析能力；

（4）灵活使用各类查验工具的知识和动手能力；

（5）依据有关规范回答雇主质询的知识和解疑答惑能力；

（6）将有关问题进行归纳、总结的知识和概括能力；

（7）依据有关规范正确撰写《验房咨询报告》的知识和书面表达能力；

（8）如何把握验房工作中业务流程和服务流程，走向专业化、规范化的知识和经营、管理能力；

（9）如何在专业化、规范化基础上打造服务品牌的知识和现代经营管理能力，等等。

8.3 验房师职业道德

道德的本质是由一定社会的经济基础所决定的社会意识形态。职业道德是指与人们的职业活动紧密联系的、符合职业特点所要求的道德准则、道德情操与道德品质的总和。它是长期以来自然形成的、受社会普遍认可的一种职业规范，通常体现为观念、习惯、信念等，没有确定形式，它的主要内容是对员工义务的要求，往往依靠文化、内心信念和习惯，通过员工的自律实现。职业道德的社会影响不可低估，其作用首先是通过调整职业关系来保证职业活动和职业生活的正常进行，其次，高尚的职业道德对社会道德风尚会产生积极的影响。

验房师职业道德是指验房业的道德规范，它是验房业从业人员就这一职业活动所共同认可并拥有的思想观念、情感和行为习惯的总和，是内化于验房师思想意识和心理、行为习惯的一种修养，它主要通过良心和舆论来约束验房师。职业道德虽不如法律、法规和行业规则那样具有很大的强制性，但它一旦形成，则会从验房师的内心深处产生很大的约束力，并促使验房师更为主动地去遵循有关法律、法规和行业规则。

具体地，验房师在职业道德方面应遵循以下原则：

1. 守法经营

验房师开展验房业务应法律、法规与社会约定俗成。

验房师不应直接或间接听命于房地产中介或房地产交易有经济利益关系的各方，不得因向客户或被检验财产利益相关方推荐订约人、服务或产品而直接或间接接受报酬。

2. 恪守信用

验房师应牢固树立"信用是金"的思想观念，不随意许诺，"言必行、行必果"。

验房师不应违背公众利益，坚守职业第三方独立性、客观性。

验房师服务或资质水平的宣传、营销与推广不得具有欺诈、虚假、欺骗或误导成分。

3. 以诚为本

验房师提供的服务及表达的观点应基于真实的检验判断，且应在他们所受教育、培训或经验范围之内。

验房师应在报告中保持客观、公正和中立性，不得有意低估或高估报告状况的程度。

验房师未经委托方允许，不得公布检验结果和客户信息。

4. 公平竞争

验房师应树立"天下验房一家人"的热爱行业理念，通过公平竞争、竞争合作等途径共同促进行业良好发展。

验房师不应通过价格竞争来排斥同行、提高业务量。

验房师不应通过误导、言语攻击等不正当手段对待其他验房企业或验房师。

第四部分　运营与管理

9　小客户开发运营

验房市场中的小客户，专门是指房地产交易市场（包括新房和二手房）中的买方或消费者，也即业主（或称"小业主"）。由于中国房地产业和住房体制的特殊国情，新房市场的小客户业务是中国验房业兴起的首要市场，也是过去10年来中国验房主力军市场。本章主要介绍小客户业务的开发与运营，第10章将会介绍大客户业务开发与运营。

9.1　小客户业务

在当前中国验房市场中，验房小客户业务，主要指对新房或二手房交易、收房前进行的房屋查验，以及收房后的装修装饰监理、环境检测等业务。其中主要业务是毛坯房工程质量检测、精装修检测与复测、二手房检测与评估。

具体内容参见本丛书分册之《验房专业实务》。

9.2　小客户业务开发四要素

1. 理念：验房是房屋交付必不可少的环节

由于消费者缺乏建筑及房地产专业知识，难以辨别所交易房屋的性能好坏；同时，交易双方彼此不信任也增加了交易障碍，这就需要验房师作为独立的第三方对交易时点的房屋性状进行客观判断，并以此作为房屋交易的重要依据，这也是验房公司应树立和宣传的市场理念。

2. 软件：言行、衣着、礼仪、态度

验房师在开展业务的过程中应衣着规范、言行得体，保证专业判断力和专业执行力。同时，正直、诚实、客观是从事房屋查验活动的基本原则和工作态度，也是专业验房师应遵守的道德操守。

3. 硬件：品牌、仪器、资质、规模

对于验房企业而言，精湛的业务是赢得客户信任的首要前提。因此，具备品牌知名度、专业的检测仪器、政府相关部门权威认证的从业资质和一定规模的验房师队伍是保证验房公司获取目标客户认可所必备的硬实力。

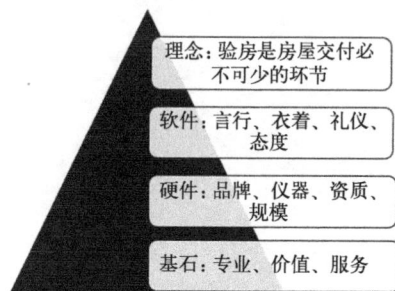

图 9.2　小客户业务开发四要素

4. 基石：专业、价值、服务

坚持为客户服务、提高专业水平、提高客户满意度的从业价值认知和服务态度是验房企业获得长久发展的基石。

9.3　小客户开发的"三网营销"模式

目标客户是市场营销工作的前端，只有确立了小客户群体中的目标客户，才能有效展开具有针对性的营销活动。验房行业属于低成本的轻资产行业，这就决定了它要求以较少的成本开展服务。在验房业务实践中提炼出的"验房业务三网营销模式"，值得借鉴[1]。

1. 天网

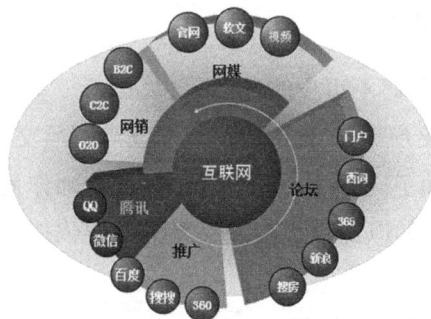

图 9.3-1　"天网"营销

---

[1] 该模式由宜居检测集团执行总裁赵军首先提出，并在各类培训课程中逐步完善而成，特此鸣谢。

天网即互联网。进入 2012 年，大数据（Big Data）一词越来越多地被提及，人们用它来描述和定义信息爆炸时代产生的海量数据，并命名与之相关的技术发展与创新。与互联网和数据相关的大数据营销也在迅速发展。

验房企业可针对验房行业小业主开发，应充分利用互联网大数据资源，挖掘潜在客户群（表 9.3-1）。

天网营销手段 表 9.3-1

途径	手段
QQ	QQ群：一般来说，居住社区或者组织都有各自的业主群。可通过关键词搜索查找并加入该群，加群后可选择以业主的身份与群内业主互动，拓展目标客户
微信	微营销：即微信营销。充分利用大数据时代优势，开辟微信订阅号、服务号，推广验房业务与最新动态
百度	充分利用百度百科、百度问答、百度文库，增加与验房业相关的百科和问答，丰富百度文库汇总关于验房行业的相关内容
论坛	（1）论坛的主要应用是发帖和跟帖，发帖要注重技巧，做到标题吸引人，内容中可加入软文，同时跟帖注重互动和问话方式。 （2）注意：各个城市的门户网站关注度通常较高，如西祠、365家居地产网。新浪乐居和搜房网是地产界的专业性网络。不同地域受欢迎的网站不同，因此，要因地制宜筛选最合适的网络媒介
网媒	网媒即网络媒体，应充分利用公司官网，放置适当软文和视频宣传文件等
网销	充分利用公司网站，实现线下企业，线上成交。如B2C、C2C、O2O均可充分应用在验房行业

2. 地网

地网是指线下营销模式，主要有会销、体验、联盟、话销、广告等营销手段（表9.3-2）。

地网营销手段 表 9.3-2

途径	手段
会销	通过参加建材会、验房会、房交会、房博会、房展会等来拓展目标客户
体验	体验即体验式营销。邀请客户现场参观，在验房过程中得到客户认可，获取目标客户
联盟	很多城市中商家之间会组织联盟，验房公司可与建材公司、装饰公司等相关公司联盟，促进信息交换和客户共享
话销	电话销售，是一种最直接的方式
广告	如在小区散发宣传单等

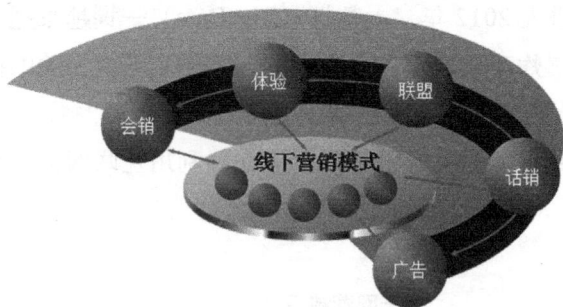

图 9.3-2 地网营销

3. 人网

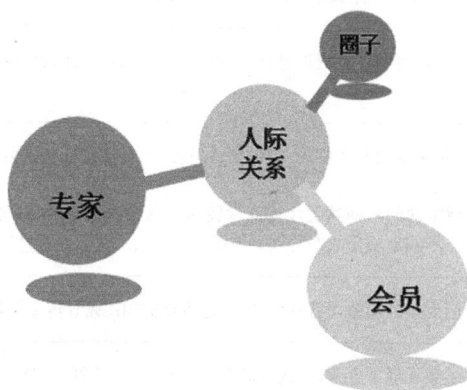

图 9.3-3 人网营销

人网是指人际关系，人网营销渠道就是充分利用所掌握的人际关系网络拓宽客户群（图 9.3-3、表 9.3-3）。

人网营销渠道   表 9.3-3

途径	手段
专家形象	树立专家形象。熟知验房行业规范与验房技能，培养专家素质，以提高个人和公司在行业内的话语权，树立行业权威
会员管理	会员管理。统计所有客户信息，及时跟进业主的验房需求并及时解决，以期有效树立公司口碑，为公司赢取回头客
相关圈子	开拓交流圈。开展业务时，圈子很重要，积极建立本行业和相关行业交流圈，提高公司知名度

简言之，天网、地网、人网三网各有特点，在进行营销推广的过程中要根据现状因地制宜，选择最有效的方式组合，以达到最快最好的效果。

10　大客户开发运营

验房行业的大客户主要指拥有批量性（或建筑整体）业务需求的开发商、政府单位、企事业单位等。大客户开发运营就是围绕大客户而开展的营销活动，其营销目的就是与开发商建立和维持长久的互利合作关系，实现双方共同价值的最大化。

近年来，各地住宅质量问题仍层出不穷，从"楼歪歪"到"墙脆脆"，从别墅壁炉砸死幼童到房屋整体倒塌的质量事故不断上演，有关住宅质量问题的消费者投诉也呈上升趋势。国家相关部门及各相关主体纷纷关注工程质量问题，同时消费者对房屋质量的要求越来越高，开发商对待房屋质量的态度开始从感性到理性转变，从最初的与业主对抗到现在尝试从根本上解决问题转变。尤其是越来越多的开发商已意识到，在现有体制下并不能从根本上解决质量问题，但引进第三方验房企业及早介入工程建设过程进行质量检测，有利于建筑工程质量控制与提升，对提升客户满意率效果非常显著。

10.1　大客户业务

当前第三方验房企业针对大客户开展的业务主要有：实测实量、一房一验、交房培训和质量评估等。

1. 实测实量

实测实量是指在施工项目前期，针对项目工程过程中每个节点（混凝土工程、砌筑工程、粉刷工程、门窗工程、防水工程、外墙工程及安全文明施工等）进行质量及安全抽查、把控。找出共性及个性问题，组织甲方工程部、监理单位、施工单位等进行质量安全会议，杜绝后期此类问题的发生，加强监理监督职能，对监理、施工企业在施工过程中对于工程质量自检、互检、交接检验等数据进行核查，杜绝工程资料数据与工程质量现场脱节，从而起到真正的监督作用。

2. 一房一验

所谓"一房一验"是指在项目施工后期，项目交付前1～2个月，依照国家规范及业主视角，对房屋质量（主要是质量通病问题、安装问题。使用功能问题、观感问题、业主关心的问题、重大安全质量隐患问题等）进行一户一户，一间一间地做分户全面检查，对验收问题进行汇总，找出个性及共性的问题，督促施工单位进行针对性整改，整改后进行复查到位，出具合格的验收报告，从而有效避免业主投诉、曝光、赔偿等交房风险，塑造企业口碑。

3. 交房培训

在交付前期，针对交房流程、服务礼仪、交房口径、专业问题解答及业主关心的质量问题口径等进行系统培训，提升交房团队整体素养；在交付过程中，作为第三方与开发企业充分配合，以沟通、专业等特有的优势，引导业主验房、收房，对出现的质量问题，协调快修人员及时整改，实现快捷、顺利的交房服务。

4. 质量评估

受建设方委托，在集团企业施工全过程中，定期对集团项目工程质量安全情况进行第三方巡查和评估，类似于集团公司的"中纪委"，客观公正反映每个项目实际质量情况，统计数据指标，并且进行内部质量进行纵向评比，出具质量评估报告。通过质量评估，验房公司可以在施工过程中，协助委托方对工程质量体系方案评估，质量指标进行评比等，做到提前预控、科学管理、决策到位，可以协助委托方建立起内部质量管理信息体系、消除工程监控潜规则、促进内部项目间良性竞争，营造重视质量管理的氛围，推动工程质量水平提升。

10.2 前期准备

大客户业务是一项集知识型、专业性、技术性、服务性于一体的业务，开拓大客户业务，除了具备较强的专业能力作为拓展基础外，做好前期功课至关重要。具体地，在宏观方面，应了解所在城市百强企业和其他地产企业的项目、楼盘详情；微观方面，则根据开发数量、工程性质、交房时间（年、月）对客户进行筛选，了解城市开发企业楼盘名称、交房时间、交房数量、业主动态、城市负责人、物业负责人、营销负责人等。了解的越详细越好，从而有利于锁定目标中的大客户（图10.2）。

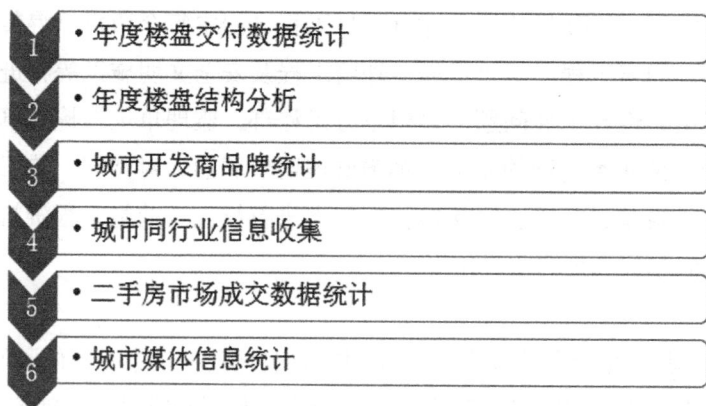

1	• 年度楼盘交付数据统计
2	• 年度楼盘结构分析
3	• 城市开发商品牌统计
4	• 城市同行业信息收集
5	• 二手房市场成交数据统计
6	• 城市媒体信息统计

图 10.2 大客户前期准备工作

10.3 开发策略

确定目标客户之后，就要建立起关系进行开发。这一阶段，大客户对验房公司的产品和服务并没有清晰的认识，应创造机会增进交流和互相了解，打消客户疑虑，让目标客户认识到验房公司的业务和价值，通过一系列措施建立双方信任合作关系。

大客户开发途径 表 10.3

途径	方式举例
开发商内部圈子	了解开发商圈子，进入到房地产开发商圈子
媒体圈子	利用电视、广播、报纸等媒体开展宣传和互动，增加公司知名度
互联网途径	互联网营销：论坛、微信、微博、QQ 群，朋友圈拜访等跟进目标大客户，参加协会论坛，聚会等模式
第三方代理营销机构圈子	通过与第三方代理营销机构的接触交流，借力进行品牌宣传
房地产协会、房地产商会	通过各类协会，拓展交际圈子，进行品牌扩散
地产高校学习班	MBA/EMBA 例如长江商学院等圈子

同时，大客户营销是和一群人做交易，要和一群人做好交易，就必须理清这群人之间的相互关系，针对不同的沟通对象采取不同的跟进策略。主要开发策略有以下三种（图 10.3）。

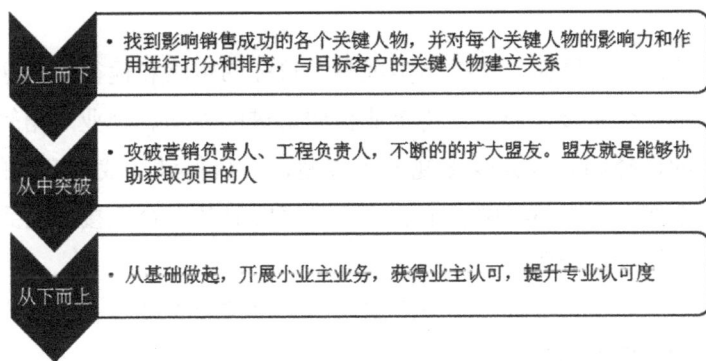

- **从上而下** · 找到影响销售成功的各个关键人物，并对每个关键人物的影响力和作用进行打分和排序，与目标客户的关键人物建立关系
- **从中突破** · 攻破营销负责人、工程负责人，不断的的扩大盟友。盟友就是能够协助获取项目的人
- **从下而上** · 从基础做起，开展小业主业务，获得业主认可，提升专业认可度

图 10.3 大客户开发策略

10.4 后期维护

开拓客户重要，维护客户更重要。一般来说，维护客户的成本要低于新客户的开拓成本，因此大客户维护显得尤为重要。要想成为大客户的长久合作伙伴，企业必须重视大客户的维系，企业应与大客户精诚合作、共图发展。润居工程咨询有限公司杨志才在实践中总结出大客户后期维护的"五项修炼"（图 10.4）：

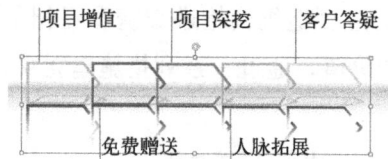

图 10.4 大客户后期维护的"五项修炼"

1. 项目增值。切实做力所能及的事，将每一项业务做扎实，做到极致。

2. 项目深挖。企业应深入研究大客户市场，把握客户需求和市场竞争信息，比竞争对手更好地满足大客户需要，从而在不断提升大客户的营销业绩中提升大客户的忠诚度。

3. 客户答疑。细致解决客户疑问。

4. 免费赠送。实质上是提供服务费用的折扣和促销，让大客户在购买服务时产生增值服务"愉悦感"。

5. 人脉拓展。在项目增值、项目深挖、客户答疑、免费赠送的基础上，在现有客户资源中积极拓展人脉，既有利于已有大客户维护，同时有利于新客户挖掘。

11 验房企业战略管理

战略是确定长远发展目标，并指出实现长远目标的策略和途径。企业战略是把战略的思想和理论应用到企业管理当中，为企业指明前进的方向。企业战略管理，具体来说是企业通过有效的选择和整合其战略规划及实施，而获得满意战略产出的一整套约定、决策和行动。在激烈的市场环境中，企业战略管理的有效与否直接关系到企业成败，是决定企业兴衰的一个关键性因素。

随着我国房地产市场的发展，房地产交易量呈现较大规模增长，验房企业必须不断加强战略管理，才能更好地抓住机遇、迎接挑战。

11.1 验房企业战略管理五要素

1. 要明确优势与劣势

应从内在劣势、外部制约、内在优势和外部机遇等四个角度进行透彻分析，明确自己的比较优势是什么。例如，小型机构人才匮乏，融资困难，但组织结构简单，决策机制灵活，并面临国家政策扶持的良好机遇。

2. 充分发挥比较优势

大机构有大机构的优势，小机构也有小机构的特点。在制定经营战略时，一个重要原则就是扬长避短，充分发挥比较优势，而不是简单模仿。根据自己所处条件，具体问题具体对待，制定可行的战略目标，选择合适的核心业务，突破现有的利益格局，同时加强可能的风险防范。

3. 要有准确的市场定位

应考虑业务的目标市场总容量及其前景。目标市场必须具有足够的市场和成长空间，使机构本身能够随着业务的拓展而发展。例如，从长期来看，专业的验房将来会更有市场。

4. 动态的评价和战略调整

企业在其发展的不同阶段具有不同的内外部特点。在战略实施过程中，应根据机构环境和组织内部资源条件的变化，重新认识比较优势，对原有战略不断进行评价、检验和调整，从而实现战略实施的最终结果与战略目标相符合。

5. 正确处理战略管理与日常管理的关系

战略管理要为机构日常管理指明方向和范围，而日常管理又是战略管理的基础和具体化，在实施战略管理时，必须把握外部环境及其趋势变化，从长期发展的角度制定战略方案并组织实施。而机构的日常管理则应在战略方案的框架内依据实际情况具体组织。

11.2　验房企业竞争战略

企业战略包括发展战略、竞争战略、营销战略、技术开发战略、人才战略等多项内容。针对我国验房业日渐激烈的市场竞争环境，验房企业可采用如下几种竞争战略：

1. 低成本战略

低成本战略是指企业通过在内部加强成本控制，在研究开发、生产、销售、服务和广告等领域把成本降到最低限度，从而在产业中取得成本优势地位。一般来说，验房企业的规模较小，小型机构没有大中型机构那样复杂的管理结构，管理成本较低，且人员工资一般也比大中型机构低，所以，低成本战略更适合验房企业。但是，验房企业应始终把握业务质量是服务行业信誉的保证，也验房业生存的根本。在实行低成本战略时，不应以验房业务质量降低为代价，更不应以价格战为竞争战略。

延伸阅读

验房行业价格战应对

价格战几乎波及所有行业，是企业经常使用的一种重要营销手段。其好处是企业通过降价，可使客户得到实惠，促使产品销售量增加，可能提高企业的市场占有率，同时产品成本会随着产量的增加而降低。但是，降低价格也会带来企业乃至整个行业利润的陡降。有研究表明：一般来讲，价格降低1%，利润将减少10%以上。不仅如此，价格战还会使客户的心理价位发生扭曲，使企业陷入降价的恶性循环，从而导致行业走向"自我毁灭"。

在目前国内验房行业尚无职业准入与行业协业协会的情况下，验房价格体系尚未确立，收费十分混乱，相当数量的小型验房企业甚至是个体户为了揽业务，靠低价竞争已成为行业的一种常态。如中国验房业的发源地南京，验房价格已经从原来的10元/平方米降至目前的1元/平方米低价，严重地损害了行业的发展。

获小利而失义的事，短期内在市场上无法靠竞争本身来根除。因此，验房企业也要学会应对价格战。第一，不要轻易发起价格战。如果确实有必要发起价格战，一定要慎重进行。在降价前做好市场形势的分析和竞争情报的搜集，合理预计竞争对手可能的反应，从而采取科学的降价政策，有备而战。第二，适当进行追随价格战。在某些情况下，面对价格战可能别无他法，只能跟进降价。例如竞争对手的降价行为对自己的市场份额影响很大，甚至威胁到机构核心战略的实施时，或者和竞争对手处于实力相当时，必须跟进降价，并且在准备充分的前提下可率先发动价格战，但要把握好降价的幅度。第三，以非价格手段应付价格战。有研究表明，不同的顾客群体具有不同的价格敏感度和质量敏感度。有的客户看重价格，有的则更看重质量和服务。验房企业应当在业务质量上下功夫，并加强改进和宣传，从而避免价格战的不断升级。此外，还可配合采取特色化战略、抓住重要客户战略、战略联盟战略和品牌价值策略等非价格手段来应对价格战。

2. 特色化战略

特色化战略又名差异化战略，是指将产品或企业提供的服务实现特色化，明显区别于竞争对手，形成与众不同的特点而采取的一种战略。对于验房企业来说，特色化就是与众不同的自身特征，包括业务水平、内在质量、相关服务、人力资源以及机构形象等方面的特色化。因特色化战略在为机构带来超额收益的同时，成本较高所以需要具有雄厚资金和高级人才的支持。从这一角度来看，特色化战略更适合较大型的验房企业。

3. 专业化战略

专业化战略是指企业主攻某个特定的顾客群，或某产品系列的一个细分区间，或某个地区的市场，从而成为该领域专家。专业化战略与前面两个基本竞争战略不同。低成本战略与特色化战略面向全行业，在整个行业范围内进行活动，在全行业范围内实现企业目标。而专业化战略指导下的每项活动都围绕一个特定的目标群体展开。针对这个目标群体，能够提供比竞争对手质量更高的产品或更为有效的服务，以此获得竞争优势。可见，企业采用该战略的前提是：产品的专业化能以较高的效率，更好的效果为某一狭窄的客户群体服务，从而获得众多竞争者所不具备的优势。随着我国经济体制改革的逐步深入，小而全、大而全的企业越来越少，更多的是被专业化企业所取代。国家扶持政策日渐完善，从而为小规模企业提供更大的发展空间。

因此，中小型验房企业更应该侧重选择专业化经营战略。例如，可以在一手房交易查验、二手房交易查验、房地产评估查验、房地产抵押、典当等细分业务领域，充分利用有限资源，着力将自身打造成为专业王牌。

第五部分　国际视野

12　发达国家验房业发展概况

美国的住宅验房师产生于 20 世纪 50 年代中期，是发达国家中最早萌生这一职业的国家。随着美国房地产市场进入快速增长期，到 20 世纪 70 年代早期，验房被众多客户认为是房地产交易中必要的一环，大量的消费者在购房过程中急需专业的咨询服务。由于大多数家庭在作出经济方面的重大决定时，对房屋的各种专业知识知之甚少，或者理解肤浅，难于作出决断。这是就需要专业人员为其指点迷津，提供准确到位的咨询服务。所以由第三方来承担验房任务，是现代发达国家的惯例。如美国，普遍做法是委托职业验房师对准备出售或购置的住宅进行检验、评估，目的是买卖双方全面了解住宅的质量状况。在法国，凡房屋交易前必须由验房师对房屋进行检验，出具验房报告才能进行交易。

12.1　四大特点

总体来看，发达国家验房业起步较早，发展逐渐步入正规化与制度化，从业人员队伍不断扩大，水平持续提高，对房屋的质量维护与寿命延长起了较为明显的作用。从行业发展角度来看，发达国家验房业具有专业化、标准化、制度化和精细化四大特点。

1. 专业化

发达国家验房业的专业化体现在验房从业人员、验房工具与验房报告的专业化三个方面。

第一，验房具有专业的从业人员，而且需要通过一定的职业资格考试。在加拿大安大略省，政府颁布了《验房师注册登记管理条例》，对验房师实行自愿注册登记制度，并授权安大略省验房师协会具体负责实施对验房师的培训、考核、注册登记等工作。

第二，验房需要专业的仪器设备，用以检测房屋的特别部位。发达国家的房屋检验设备很专业。

第三，查验报告有专业固定的术语和格式，便于行业的规范管理。验房报告是最后验房完成后提交给客户的一份完整记录，主要包括四部分内容（图 12.1-1）：

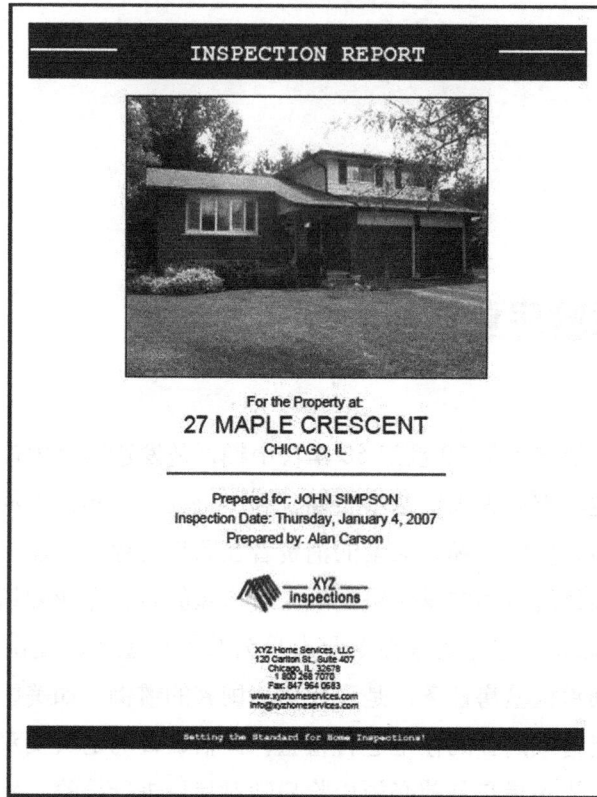

图 12.1-1　西方国家验房师出具的验房报告范例

（1）基本信息：对顾客、验房师以及查验目标房屋的基本情况进行记录。

（2）协议书：在验房前，验房师须向顾客介绍验房工作的业务范围及工作方式、方法，客户了解之后，双方须在该文本上签字以示对验房业务的认可和同意。

（3）验房情况描述：查验情况描述分为选择性描述与备注描述两部分，这样既规范了验房师对于房屋质量的评判标准，以遵行《操作标准》，又便于验房师进行具体描述。

（4）签字确认：客户与验房师在《报告》上签字确认相关内容。

2. 标准化

在验房业较为成熟的国家和地区，都有明确的验房标准，即验房的标准。这些标准既是验房师从业中需要遵循的步骤、方法和检测房屋的评判标准，也是验房师出具验房报告的基本依据。如在加拿大安大略省，有统一的验房师协会，协会颁布了《操作标准》（《Standards of Practice》）和《职业道德准则》（《Code of Conduct》）用来指导验房师的验房操作（图 12.1-2）。

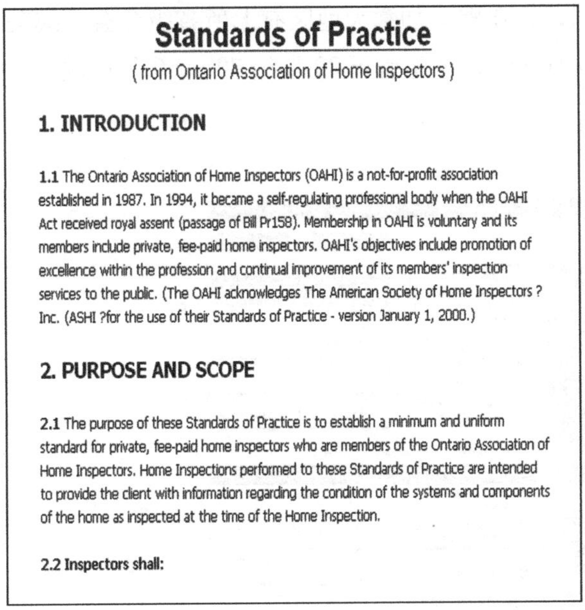

Standards of Practice

(from Ontario Association of Home Inspectors)

1. INTRODUCTION

1.1 The Ontario Association of Home Inspectors (OAHI) is a not-for-profit association established in 1987. In 1994, it became a self-regulating professional body when the OAHI Act received royal assent (passage of Bill Pr158). Membership in OAHI is voluntary and its members include private, fee-paid home inspectors. OAHI's objectives include promotion of excellence within the profession and continual improvement of its members' inspection services to the public. (The OAHI acknowledges The American Society of Home Inspectors? Inc. (ASHI ?for the use of their Standards of Practice - version January 1, 2000.)

2. PURPOSE AND SCOPE

2.1 The purpose of these Standards of Practice is to establish a minimum and uniform standard for private, fee-paid home inspectors who are members of the Ontario Association of Home Inspectors. Home Inspections performed to these Standards of Practice are intended to provide the client with information regarding the condition of the systems and components of the home as inspected at the time of the Home Inspection.

2.2 Inspectors shall:

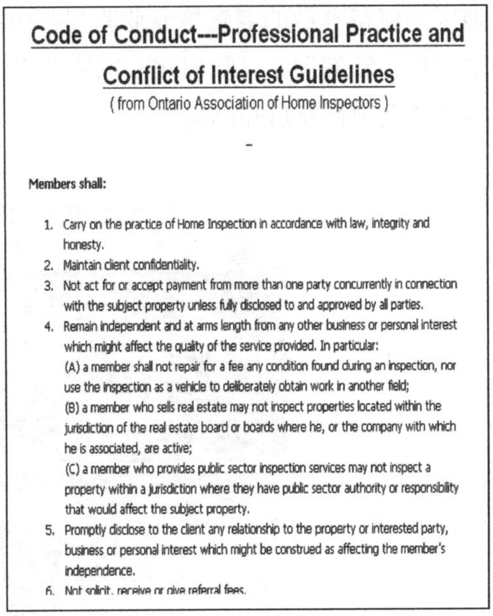

Code of Conduct---Professional Practice and Conflict of Interest Guidelines

(from Ontario Association of Home Inspectors)

Members shall:

1. Carry on the practice of Home Inspection in accordance with law, integrity and honesty.
2. Maintain client confidentiality.
3. Not act for or accept payment from more than one party concurrently in connection with the subject property unless fully disclosed to and approved by all parties.
4. Remain independent and at arms length from any other business or personal interest which might affect the quality of the service provided. In particular:
   (A) a member shall not repair for a fee any condition found during an inspection, nor use the inspection as a vehicle to deliberately obtain work in another field;
   (B) a member who sells real estate may not inspect properties located within the jurisdiction of the real estate board or boards where he, or the company with which he is associated, are active;
   (C) a member who provides public sector inspection services may not inspect a property within a jurisdiction where they have public sector authority or responsibility that would affect the subject property.
5. Promptly disclose to the client any relationship to the property or interested party, business or personal interest which might be construed as affecting the member's independence.
6. Not solicit, receive or give referral fees.

图 12.1-2　加拿大安大略省验房师协会颁布的《操作标准》和《职业道德准则》

其中，《操作标准》对验房师如何实施每一步验房工作进行了细致规定，比如说如何与客户接触，验房过程中如何检查每一个房屋部位，最后的验房报告如何出具等。而《职业道德准则》则对验房师的职业道德提出要求，比如说要事先告诉业主验房具有局限性，有些部位不能够检测得到等等。验房师在验房过程中应本着中立、客观的职业态度，不受业主或其他因素的影响，以免对房屋性状的判定有失偏颇。

延伸阅读

许多非客观及不能被查验的部位将不包括在查验范围内

在发达国家，验房报告并不是一个保证书，因为验房过程只是可察觉性的检查，并没有全面的技术质量测试，所以它无法保证被检查的房屋构件在未来某段时间内不会坏掉。同时验房不可能检查出房屋所有构件的潜在问题，只能检查能看到和察觉到的问题，有一些房屋内部构造问题，验房查不出来，比如整个地基、内墙和楼层地面等。

---

3. 制度化

发达国家对验房师的管理主要通过成立验房师协会实现自律管理，制定作业标准，指导全国验房师开展工作。美国验房师协会（ASHI）成立于 1976 年，为民间非营利性专业社团，其分支机构覆盖了全美各大洲和主要的大都市地区（图 12.1-3）。加拿大验房师协会（CAHPI，英属哥伦比亚省）成立于 1991 年，与美国验房师协会共同代表了北美地区最值得尊敬的老资格专业验房师组织，它在整个加拿大地区有七所省级分会。继美国之后，欧洲国家（除原东欧国家及俄罗斯之外）也先后于 20 世纪 70 ～ 80 年代成立了相应的全国性验房师协会。

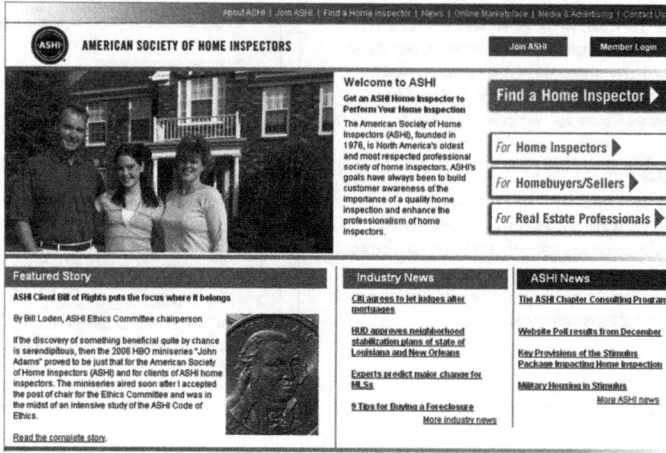

图 12.1-3　美国验房师协会官方网站

4. 精细化

发达国家验房内容详细而又具体，并且因为服务对象不同而深度不同。一般验房过程大约都要持续两到三个小时。验房中验房师会从里到外、从下到上通过观察、操作运行来检查上下水管道、加热制冷、电力和家用电器系统，同时检查房屋建筑结构如屋顶、地基、地库、里外墙、烟囱、门窗等部件。从常见的验房报告中可以看到，整个验房覆盖了大约 400 个项目的 1000 多个检查点，报告评估了房子的状况，指出当前已经存在的问题和维修需要的开销。

例如，一位业主在美国要出售一套商品房，买主聘请两位验房师进行检验，不放过任何一个细节，甚至检测了自来水的流量，而这栋房子偏偏水压不足，当几个水龙头同时打开时，水流量小的问题立即暴露无遗，房屋买卖最终未能成交。

12.2　验房类型

在发达国家，由于房屋所处的时点、状态不一样，消费者聘请验房师验房的目的也不相同，而不同的验房目的又决定了验房的范围与内容以及收费模式的不同。

1. 下单前的验房

下单前的验房（Pre-offer Inspections）是指买方对某一房屋特别有兴趣，在下 offer 之前（即买卖协议签订之前），为了解房屋的状况并做到心中有数，安排对房屋进行一次检验。这样，买方就可以在将来合同中取消验房条件。

此外，在买卖双方事先已达成某种意向，或在卖方不接受协议中有验房条款的情况下，这种方式也较为合适。

2. 买房前验房

这是最常见的一种验房形式。在房屋买卖协议签订之后，但在正式生效之前，卖方根据协议中的验房条款，安排对他们将要交易的重售房（即二手房）进行一次检验。验房师将对构成房屋的主要系统和构件进行客观的视觉上的检查，以确定其是否存在明显的问题，哪些项目需要维修或更换以及可能的费用。其主要目的是鉴定房屋的当前状态，向购房者提供必要的信息和毫无偏见的第三方意见，以帮助他们做一个清楚明白的买卖决定。

3. 卖房前验房

许多聪明的卖家会在房屋投放市场之前做一个验房。这一方面可为买卖提供准确的技术细节，另一方面也可以事先发那些问题可能会引起买房的注意或担忧的问题。这样，卖主就有充分的时间以合理的价格进行一些必要的维修，避免这些问题成为将来买方作为大规模讨价还价甚至不买的依据。即使卖主什么也不想维修或更换，事先把情况和您的态度向对方解释清楚，对卖主来说也是主动和有益的。有一个专业的验房报告在先，买家可能不再要求在房屋买卖协议中有验房条款。所以说，卖房前验房使各方更为自信，使买卖更为顺利。

4. 新屋交割前检验

新屋交割检验通常是在买家正式接手新房前进行，这时，买家将有机会与建筑商代表一起检查他们的新房。这是买家的责任，在这时候将那些未完工和不符合买卖协议的项目指出来并形成文件。对于买家来讲，越早将所有问题指出来就越有利。在这个过程中，验房师将陪伴顾客，指出那些未完工或有问题的项目，以及材料或手工艺上的缺点。新屋交割检验通常能够发现许多被政府和建筑商的检验人员所忽视的问题，使这些问题能及时在新屋保险计划下或由建筑商负责维修。顾客最好事先告知建筑商将有验房师参加这样的检验。

5. 新屋保险计划检验

这是加拿大安大略省特有的一种新屋保险计划。新屋保险计划涵盖新房在交割后一年内因工艺或材料引起的问题。这期间，房屋应该适于安全、健康、舒适地居住，并且符合"安省建筑规范"要求。新房交割后两年内的由外到内的漏水问题以及水、电、暖气系统的问题，也包含在这个计划中。这个计划还涵盖了七年内主要结构问题。这期间，屋主有责任在各阶段保险过期之前，将所发现的问题以书面形式通知建筑商和新屋保险计划，才能使问题获得恰当地解决。在一年、两年或七年临界时间之前，房主可以联系验房师去检查他们的房屋，以便及时做进一步的处理。

6. 装修前检验

装修前的检验可以为一些业主特别担心或感兴趣的项目提供单项检验服务，比如关于房屋装修改造、地下室漏水问题、电系统、保温通风系统等。

12.3　验房范围与收费标准

在发达国家，对验房有一个共同的认识，即并非房屋内外的所有的东西都会检查到。验房主要针对那些构成房屋的最重要的最基本的系统、构件和设备。也就是那些顾客普遍关心的，影响他们买卖决定的方面。例如，在加拿大安大略省验房师协会（OAHI）的"操作标准"中，详细罗列了哪些项目需要检查，哪些项目需要描述，哪些项目不需要检查以及应该怎样报告。

1. 验房范围

一般需要查验的房屋部位主要包括：地基及结构（外露部分）、中央系统冷、暖气、户外部份、保温材料及通风、室内部份、屋顶排水系统、烟囱及天窗、地板结构、屋瓦及屋顶结构、电气系统、进排水系统、楼梯及扶手、平台、阳台、门窗、墙壁及天花板等。

除了上述查验内容之外，以下内容不包括在这个标准中（即不包括通常的验房范围内）：电话系统、保安系统、电视 Cable（以上都由专业公司提供服务和维护）、白蚁、水质量、空气质量、环境危害评估等（如氡气、有毒害气体、电磁场危害等）。其原因或者是因为发生的概率较小；或是因为需要特殊的专业训练和设备；或是因为需时太长无法在 2～3 小时内完成。虽然这些内容不在我们的工作范围内，但安省验房师协会（OAHI）却非常重视对其成员进行相关教育（如白蚁、UFFI、石棉等）。所以，一般验房师都具备一定的相关知识，遇到可疑情况，会提醒顾客做进一步的检查。但顾客应该明白：这些内容毕竟不在验房范围内，验房师也不是某一方面的专家。如果你们有某些特别的担忧，应该主动安排专业机构或人员进行专项检查。

同样，美国验房师协会也对验房的内容作了规定，可以查验的部分分别是：结构体系、外部、室外、屋面，屋顶、水管、电器、暖气、空调、内饰、保温和通风、壁炉和固体燃料的燃烧设备等。而且，在美国验房师协会章程中，也对查验部位进行了约束性限定，即如果通过视觉观测容易检查，就可以作为验房的主要部位。

2. 收费标准

由于验房本身是一种职业，因此提供验房服务要收取相关费用。发达国家验房的费用主要包括两类，一类是验房的费用，包括所有验房过程及最后出具的验房报告的费用。另一类是各种评估费用，如节能评估、适用性评估、新旧程度评估等。这里以美国的验房收费标准为例。

在美国，验房收费主要有两种。

第一种是验房收费，其计费范围为 \$280～\$380（自主房屋（即房屋属于自己的，但管线是几户共用的）/ 半独立 / 独立屋）。验房费用除了与房屋的类型、面积、新旧、地点等有关外，还与验房师的资格、经验、专业水准、服务品质有关。

第二种是节能评估收费，第一次改进前评估：$300+GST（政府将补助 $150）；第二次改进后评估：$150+GST。如果对于大房子或较远的旅程，可能收取额外的费用。

12.4 验房内容与常见问题

1. 验房内容

发达国家的验房内容充分表明，验房的业务和主要部位是有局限性的，这主要受到房屋客观条件和验房师技术水平的约束。正因为验房本身存在局限性，所以业主通过验房师所了解的房屋性状也是有限的，主要包括以下几方面内容：

(1) 房屋的大致建造时间（年份），结构稳固程度。

(2) 屋面材料暖气炉、冷气机、热水炉的大致使用年份；未来数年内需要更换的可能性。

(3) 室内主要构建柱、梁、板是否有腐蚀破损，丧失承载力等情况。

(4) 门窗大致使用年份，是否已做过更换。

(5) 室内装修的新旧程度，维持现有功能的时间。

(6) 供电大小（60A/100A/200A）；是否需要升级；配电盘类型；内部线路的类型。

(7) 电、水、煤气总开关位置及任何操作，暖气炉、冷气机、热水炉的电源位置及操作。

(8) 室外墙体表面及外露地基是否有破损、裂纹及孔隙。

(9) 其他房屋维护保养知识；有针对性的改进意见和注意事项。

2. 验房常见问题：加拿大安大略省验房实例 [1]

为了让读者更好地了解发达国家验房的具体内容和操作步骤，我们以加拿大安大略省注册验房师的一次验房为例，详细看一下在发达国家普通的验房都查验房屋哪些部位，提出了哪些修缮建议并对房屋性状进行了怎样的判定。

(1) 屋面

这个屋面的油毡瓦片已经腐烂，即将到使用的极限，应该尽快换掉。否则，随时可能漏水。

图 12.4-1

[1] http://www.wintrust.ca/chinese/index.php

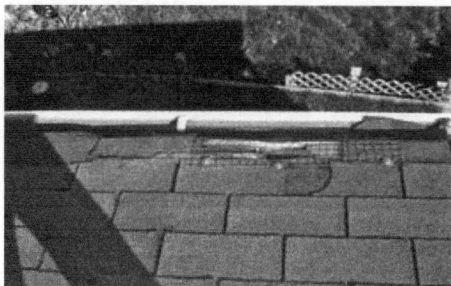

屋面局部破损，且这样的维修方法并不能防止漏水。还是应当整体进行更换或大修。

图 12.4-2

在屋面上，烟囱与屋面交接处的防水板也是一个脆弱的容易出问题的地方。这里的防水板已经烂掉，且根本起不到保护烟囱的作用，应该尽快更换。

图 12.4-3

（2）室外

这里的外墙砖体已经开始风化。主要是由于砖本身质量问题。由于这里砖体不是承重构件，所以一般不会影响结构安全，只需做一些修补并将窗台上的雨水引开就好。

图 12.4-4

这个雨水管堵塞，雨水从高处弯头处溢出。

图 12.4-5

图 12.4-6

地基墙被修补后还裂开。我们无法知道实际的裂缝宽度。这里，首先当心的是地下室会否漏水。在进入地下室之后，果然发现了漏水的痕迹。

（3）结构系统

图 12.4-7

这根钢梁端部支撑深度仅约一英寸。且底部混凝土可能在施工过程中塌陷，并做修补。有必要尽快联系建筑商对此做进一步评估。

图 12.4-8

由于地基不均匀沉降引起的外墙裂缝、倾斜和破坏；从室内还可看到：楼地面明显倾斜，以及横纵墙之间断裂。这是明显的结构问题。

图 12.4-9

从阁楼里看到屋架梁断裂，应尽快加固或采取措施避免更多梁的破坏。

（4）室内

从这里可以看出地下室已经开始渗水或漏水了，应在地下室内部再次采取内防水设施。

图 12.4-10

从这里可以看出屋顶漏水造成顶棚损坏。

图 12.4-11

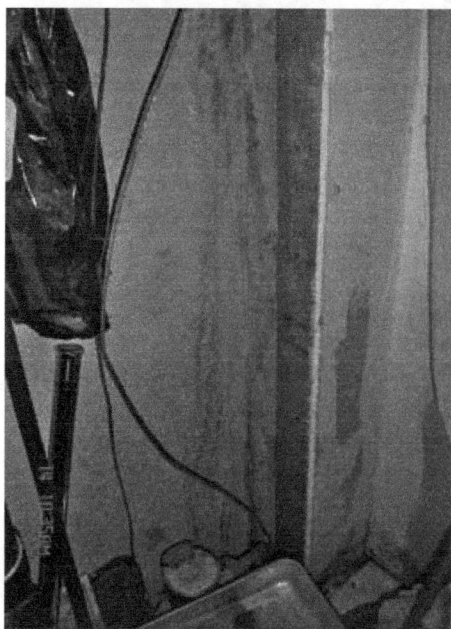

室外水通过水泥地基墙上的裂缝漏进地下室，但已经做过修补。

图 12.4-12

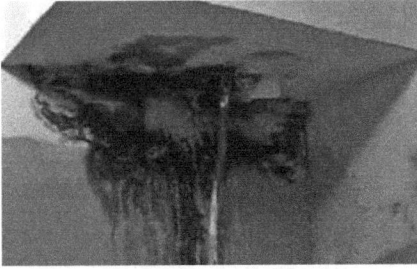

卫生间漏水已经造成顶棚和漏面损坏。

图 12.4-13

（5）暖气系统

这是一个砖体烟囱底部的清渣口。这个烟囱连接着一个老式的暖气炉和一个热水炉。污水流出，底部堆满碎片。这些都说明烟囱内部已因冷凝造成损坏。

图 12.4-14

这个高效能暖气炉的烟道不是通过围墙被直接排到室外，而被接到旧的砖体烟囱。由于高效能气炉所产生的废气温度很低，通常不能提供足够的气压将废气排向高处，废气可能倒流回屋内，这对于屋内人员可能能产生严重的安全隐患；且烟囱内很容易产生冷凝，造成烟囱损坏。

图 12.4-15

（6）冷气系统

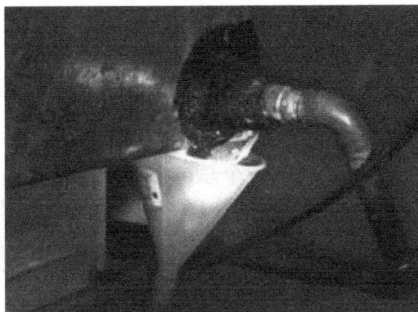

冷凝水从空调系统的蒸发器处流出。屋主就用一个漏斗接水导水。且在暖气炉下部的其他地方还看到水迹；这种情况可能是由于冷凝水管堵塞，或集水盘很脏生锈造成的。

图 12.4-16

图 12.4-17

这个空调外机底部支撑不稳，在开动时会剧烈振动。

（7）给水排水系统

图 12.4-18

这个马桶已经漏水很长时间了，并造成地面损坏。

图 12.4-19

这个洗脸盆漏水，已经造成木地板严重损坏。地板很难再支撑住洗脸盆了。

（8）供电系统

图 12.4-20

这是打开一个总电控制盘后看到的。这是个 100A 的供电、保险丝盘、有铜线并有如线。大部分回路的保险丝都是过大的；铜线和如线同接一个接头；有一个回路没有经过任何保护就接走了。

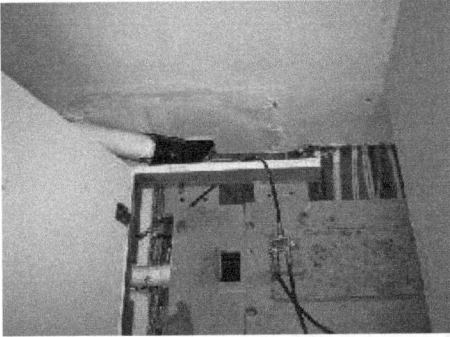

图 12.4-21

这个配电盘正好在一根排水管弯头的下面。这就意味着：如果发生接头漏水，水可能正好进入配电盘。排水管以前似乎确实漏水修过。幸运的是，配电盘没有烧过。

图 12.4-22

这盏水晶灯很漂亮。但离楼梯太近了，会吸引小孩从栏杆内伸手去抓。

（9）采暖通风

图 12.4-23

地下室外墙的保温层局部有遗漏。

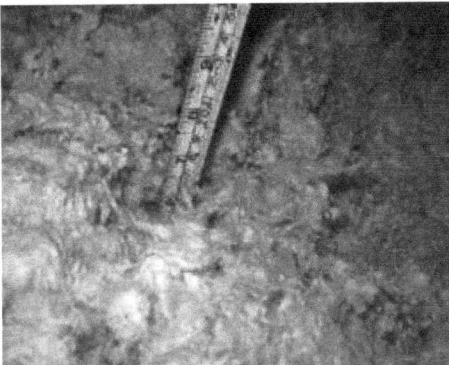

图 12.4-24

这张照片来自于一个三年新的房屋。阁楼内的保温层厚度仅约 7 英寸。

（10）安全问题

图 12.4-25

为了儿童的安全，我们建议给这个台阶多加几根扶手斜杆。

图 12.4-26

这里一个用来拉动车房门的金属拉杆断裂了。如果没有被恰当地操作和调试，可能造成车房许多严重的危害。